完美演绎

PPT高手速成

李宝运　马浩志　编著

清华大学出版社
北京

内 容 提 要

本书内容是作者从世界500强企业的1000多场实战教学中，根据一线职场应用者的体验，精心挑选出来的热门、高频、实用案例，可以帮助用户高效学习。

本书采用案例+技巧的写法，具体包括PPT基础结构布局、文字说明应用技巧、色彩搭配应用技巧、图片编辑处理技巧、图形图表处理技巧、排版编辑应用技巧、动画特效制作技巧7大专题内容。

本书内含60多个专家指点，精选118个干货技巧，185个PPT常用快捷键附送，200多分钟视频演示，1000多张图解，涵盖行政、文秘、人事、财务、会计、市场、销售等多个岗位内容，可以帮助大家活学活用PPT，早点完成工作早点下班，同时还可以帮助读者更快地实现升职加薪的梦想，成就精彩职场人生。

本书面向PPT初中级读者，适合商务、行政、文秘助理、财务会计、市场营销等岗位人员，以及在校大学生阅读。

图书在版编目(CIP)数据

完美演绎：PPT高手速成 / 李宝运，马浩志编著. —北京：清华大学出版社，2020.7
ISBN 978-7-302-55689-3

Ⅰ．①完… Ⅱ．①李… ②马… Ⅲ．①图形软件 Ⅳ．①TP391.412

中国版本图书馆CIP数据核字（2020）第103266号

责任编辑：韩宜波
封面设计：李　坤
责任校对：王明明
责任印制：宋　林
出版发行：清华大学出版社
　　　　　网　　址：http://www.tup.com.cn，http://www.wqbook.com
　　　　　地　　址：北京清华大学学研大厦A座　　　　　邮　　编：100084
　　　　　社 总 机：010-62770175　　　　　　　　　　邮　　购：010-62786544
　　　　　投稿与读者服务：010-62776969，c-service@tup.tsinghua.edu.cn
　　　　　质量反馈：010-62772015，zhiliang@tup.tsinghua.edu.cn
印 装 者：北京博海升彩色印刷有限公司
经　　销：全国新华书店
开　　本：185mm×210mm　　　　　印　　张：13⅔　字　　数：496千字
版　　次：2020年8月第1版　　　　　印　　次：2020年8月第1次印刷
定　　价：69.80 元

产品编号：086438-01

推荐 | 12位office专家

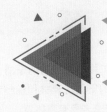

秋叶 | 秋叶PPT 创始人

《完美演绎——PPT高手速成》新书介绍了很多实用且简单易学的PPT干货，李老师也分享了很多PPT精品案例，不仅能帮助大家解决工作中遇到的很多问题，还能提升工作效率，推荐一读！

马建强 | 上海交大海外教育学院特聘优秀讲师、演示培训师、PPT插画师、MOS-Master

很欣喜看到宝运老师的新书出版，能够将10余年培训经验集结成书并不容易，新书的内容周详细致，采取图解步骤方式，颇具实用性、易用性。相信读者朋友一定能够从中找到所需答案，助力自己的PPT设计制作。

陈魁 | 锐普PPT 创始人

李宝运老师是一位让人敬佩的PPT专家，他长期奋战在PPT、Excel培训的一线，勤奋、务实、卓越。他所撰写的《完美演绎——PPT高手速成》一书，内容全面、系统，讲解深刻，值得推荐给广大PPT爱好者和使用者。

沈琳洁 | 中国培训研究院 首席执行官

李宝运老师写作细腻，构思巧妙，不仅注重PPT的理论铺陈，同时又着眼于实际场景的应用，做到了"既授人以鱼又授人以渔"，以便大家更好地学习各种PPT应用技能。

包翔 | 国内顶尖PPT培训师、卓旌国际CEO

李宝运老师的新书——《完美演绎——PPT高手速成》都是工作中最实用的干货，这本书案例翔实，覆盖面广，而且讲解通俗易懂，还有配套的案例、素材和视频教程，看得出李老师倾注了巨大心血。这本书很适合职场人。祝李老师专著热卖！

王佩丰 | 连续9年微软全球最有价值专家（MVP）、微软认证信息技术专家（MCITP）

《完美演绎——PPT高手速成》是李宝运老师的另一本力作，这本书通过大量的设计案例，逐一学习PPT中的常用对象及美化手段，可以有效地在短时间内大幅提升读者的PPT设计水平。

杨臻 | 畅销书《PPT，要你好看》作者

如果你之前跟PPT没有深入接触，这本实用的技巧手册将让你认识一个有趣的PPT世界。这本书完善了每一个细节，可以帮你轻松搞定PPT，又快又好地做出高颜值又实用的演示文稿。

潘淳 | 微软技术俱乐部（苏州）执行主席、爱PPT论坛创始人

如果你是一个只会PPT基础操作而且办公效率非常低的职场人，如果你想每天早早下班、不熬夜加班，那么，这本《完美演绎——PPT高手速成》非常适合你。

刘道军 | 信息安全培训师、武汉新目标教育CEO、武汉瑞德互联创始人

李老师专业Office授课十余年，受益者无数，好评如潮！市面上PPT类书籍众多，很多从宏观入手，落地者寥寥。李老师的《完美演绎——PPT高手速成》以实战案例结合操作技巧，覆盖PPT结构布局、色彩搭配、文字、图片图形、排版、动画制作等PPT核心技术与技巧，非常实用！相信大家也能从中受益匪浅。

王一名 | 2018年度中国十大管理讲师、战略执行力实战讲师

备课、讲课是我的日常工作，PPT是用得最多的一个办公软件。经常讲完课，会有学员说我的PPT简洁大方，赏心悦目，甚至有企业家现场要求自己的员工回去按照我的方式做PPT设计。这些都得益于认识李宝运老师多年，他在这方面有很深入的研究，经常帮我解决PPT上的问题。我只是应用了一些最基本的原则就能达到这个效果，相信这本凝聚李老师多年经验的书籍会给大家带来更大的帮助，让大家的工作如虎添翼。

杜江 | 国家高级企业培训师、领导力培训师

《完美演绎——PPT高手速成》紧密结合日常工作、学习和生活，选取了大量贴近实际的应用案例，同时每一个案例技巧都具有一定的代表性、实用性和可操作性，可以帮你轻松实现PPT的简化、美化和亮化，这一本就能满足你。

马成功 | Office实战讲师

PPT几乎渗透到现实工作中的所有岗位，职场人士几乎都有使用PPT的需求。可是大多数用户要么觉得PPT高不可攀；要么觉得PPT就是简简单单。其实要做出出色的PPT是需要一些付出的，闭门造车显然不是好方法，最好的方法是有名师指点，会让你事半功倍。李宝运老师的书籍高屋建瓴般地系统化、实战化地阐述了PPT的制作精要，是快速提高PPT制作水平的密钥。

推荐 | 23位大咖

眭银平 | 国家发改委新兴产业发展中心副主任

李宝运老师将自己日积月累的PPT实用案例进行了高效梳理，并将其多年沉淀的PPT应用思路、方法和技巧通过这本书分享给大家，让你学起来有的放矢，效率更高。

瞿锦华 | 中国航天三江集团有限公司 培训中心 主任

这本书讲得很仔细，案例全部采集自真实企业环境中的应用，实战性很强，而且技术细节是由浅入深的，让你能够在实践中消化知识！

倪国颖 | 北京中金方略管理咨询有限责任公司 总裁

工欲善其事，必先利其器。这本书是针对职场人士的需求设计的"职场利器"，全面地展示了PPT实用的经典案例和技巧，是职场人士的必备办公宝典，值得拥有！非常值得一读！

黄敏 | 北京瑞华赢科技发展有限公司 副总裁

在日常工作中，PPT真的太重要了，这本书里面的很多内容非常实用，而且书中的小知识、小技巧很多，由浅入深，对于那些每天被工作PPT所困扰的职场人来说，帮助很大。

王祎 | 北京易懂管理咨询有限公司 创始人&董事长

如果你认为PPT很简单，这本书会告诉你它有多强大；如果你认为PPT很难，这本书则会让你将完美演绎变得简单。李老师将看似枯燥的内容完美融入实际案例中，实用、落地、有效，适合每一个职场中的你！

宋叶芹 | 河北银箭体育用品股份有限公司 总裁

这本书精选了大量的办公实战案例，这种场景化的阅读体验非常好，简单明了又生动有趣，而且易于对知识的理解和掌握，能够真正意义地实现知识由量变到质变的转变，完完全全地学以致用。这本书非常值得多看几遍，跟着大师学做更好更出色的PPT。虽是沧海一滴水，但成就了职场更完美的自己。

陈日华 | 江苏省人力资源服务十大领军人才、聚仁人力资源管理培训学校校长

李老师是国内较早从事Office办公软件应用教学研究的讲师之一，合作多年，学员好评如潮，学员认为李老师的课程简单易学，逻辑清晰，能够很好地应用到工作中，大大地提升了自己在工作中的效率。闻讯李老师的新书出版，特推荐各位读者，值得学习，更值得拥有。

吴波 | 河北党育律师事务所 创始合伙人

如果你被PPT折磨得很崩溃，那就尽快来学习李宝运老师的书，你会发现几个小时的工作量，其实短短几分钟就可以精准完成，工作效率会有很大的提升！

梁靖梅 | 中国培训网/英盛网合伙人

这本书挑选了关注量上亿次的热门PPT技能，书中一步一图简单易懂，尤其对一些常常困扰大家的PPT难点，李老师在书中深入揭示背后的原理，让大家不仅知其然，还能知其所以然。

高蔚 | 中国移动通信集团北京公司能力发展中心（北京移动培训中心）

工作了才深刻体会到熟练运用Office的重要性，尤其是PPT的使用。李宝运老师的这本书，深入浅出，有很多实际工作中能够用到的关键技巧，能够大大提高你的工作效率。

顾胜男 | 海南航空控股股份有限公司 高级经理

李老师授课认真，内容丰富，条理清晰，课堂气氛活跃，并介绍了很多非常实用的小工具，把原本枯燥难懂的知识点精心打磨后，萃取了最精华的部分，像一颗颗珍珠串成了一条高雅美丽的项链，通俗易懂，非常适合企业各领域人才的提升，真正做到了简化事，赋能人，让胜任更简单，高绩效更容易。

张博 | 石家庄十步芳草网络科技有限公司 总经理

这本书是一本实用性非常强的工具书。全书共7章，非常详尽地介绍了PPT的实用技巧，该书通过多个维度对PPT的功能技巧做了分析指导。通过阅读此书，让我掌握了很多之前一知半解的功能，学习到了很多更新更快的方法，大大提高了工作效率。在此向大家推荐此书，希望对职场的朋友有一些帮助。

李艳蓉 | 昆明前导企业管理咨询有限公司 创始人

工作了才深刻体会到熟练运用Office的重要性，尤其是PPT的使用，人家分分钟可以做完的事，普通人可能要弄很久。看完李宝运老师的这本书，能够大大提高你的工作效率。

葛佳 | 湖北腾飞人才股份有限公司 培训总监

有了这本书，如名师在侧，高手相伴，可谓是"一书在手，办公不愁"，只需花一本书的钱，就能获得一套超值的综合学习套餐。

周鑫｜上海良友物流集团股份有限公司 综合管理部副主任

李老师的PPT培训课程富有激情、干货满满，学员们在他诙谐幽默的授课中，收获了PPT操作的很多实用技巧。他是一名富有耐心、责任感强的老师，课程开始前确认场地大小、学员电脑配置，要求大家尽可能地向他靠拢，为的就是让每一个人都能看清楚他的每一步操作；他是一名有授课方法、抓人眼球的老师，鼓励、提问、点评、奖励穿插在课堂中，激发了大家浓厚的学习兴趣，一分钟也不跑神；他是一名有实战经验、技巧多多的老师，无论是构图设计、配色美化，还是快速小妙招都特别实用，引得学员们频频拍手叫好。

徐冠男｜北京市市政工程设计研究总院有限公司 人力资源部

李老师具有高超娴熟的Office软件操作技艺，此次出版的著作保有一贯的特色，内容实用高效，简洁明了，重点突出。虽然学习本身既费力又耗时，但本书的学习恰恰相反，不仅教会我简单高效制作高大上的PPT，同时大幅度提高工作效率，适合所有需要制作PPT的人士学习。

石晶｜智联招聘烟台公司前大客户总监、鑫泽企业教育创始人

李老师的PPT课程语言有魅力，风趣，幽默；结构清晰，内容实用，好记；工具很有逻辑，方便，好用，是我听过这个课程最好的老师。这本书分享了很多李宝运老师的珍藏技巧，一看就懂，一学就会，直面实战需求，马上就能应用，可以帮你短时间完成从PPT新手到高手的突破！

王超｜黄鹤楼酒业有限公司 人力资源经理

"工作即修行，匠心即专注"。李老师多年来一直专注于PPT的深度研究，他的课程让我体会到匠心精神与专注的力量。便捷实用是我最直观的感受，书中讲授的各类技能操作都非常贴合现代职场实际，可谓干货十足，符合"快速高效"的时代主题。重点推荐的是李老师书中运用的大量PPT速成的快捷方法与好用的快捷键组合，能让学员即学即用，效率倍增，简直百试不爽。如果想在职场中迅速提升你的PPT修为，李老师的这本书是一个非常不错的选择！

胡超 | 汉口银行 经理

李老师授课逻辑清晰，讲解通俗易懂，理论系统，实操简单，激情澎湃，耐心细致，学员好评率达100%。他的这本书可以让职场人士目标明确地学习和操作，而且学完马上就能运用，无论是"职场小白"还是"办公达人"，都能在其中找到属于自己的PPT秘技。

王朝朝 | 浙江乐城实业集团有限公司 人力资源经理

这本书全面讲解了PPT的相关操作技巧，贴近实际场景需求，配以大量案例来辅助读者学习及掌握，图文并茂，满足你的学习需求。

李建刚 | 欧瑞康集团 技术主管

李宝运老师的课程，条理清晰，层次分明，富有逻辑，深入浅出，讲解通俗易懂。这本书以实际工作中的案例为主，将大家在日常生活和工作中碰到的各种难点问题和解决方法，都无缝融入实际案例中，案例设计精良，让你看完即可应用。

钟鸣盛 | 国家电网嘉兴供电公司 人力资源部培训主管

李老师PPT授课重视学员所获，强调学以致用，案例实操为主，技巧实用，广受学员好评。这本书可以真正解决大家在学习过程中遇到的疑问，帮助读者全面理解和学习，让你少走弯路。赶紧跟上脚步，快来体验PPT中的无穷乐趣吧！轻松享受工作和生活，爱上职场，尽在本书！

申晓芬 | 中国铁路太原局集团有限公司太原通信段 职员

李老师的书内容条理清晰，语言描述准确，方法实用性强，学习之中充分体验了醍醐灌顶的感觉，工作之中充分感受了事半功倍的成果。让我对电子表格和幻灯片的理论知识与应用实践加深了理解，是企业综合办公、财会管理、人力资源部门的好帮手！

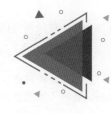

序言｜学好PPT的三大要素

汝果欲学诗，工夫在诗外。

—— 陆游

我从2013年心中有写PPT书的想法开始，到真正静下心来完成这本书，转眼已经过去七年了。这七年来，我将主要精力放在了企业内训方面，为国内上千家单位进行过PPT培训，几乎涵盖了全国各地区的各行各业，包括很多国家机关、国企民企、高等院所。在这个过程中，我看到职场小伙伴们的PPT水平在逐年提升进步。很多单位在组织PPT培训后，相继开展PPT大奖赛，搞得有声有色，佳作层出不穷。

当代职场，给领导汇报、给员工培训、给客户演示，无一不用到PPT。PPT已经成为当代职场人士必备的一个神奇的沟通工具。你的PPT做得好与不好，能够直接反映出你的专业形象。如果你的PPT做得好，还能得到领导的赏识、客户的认可，升职加薪的机会也就更大。

然而，理想比较丰满，现实却比较骨感。PPT不仅没有成就你，反而淹没了你。你每天面对PPT，加班还是PPT。PPT甚至已经从工作手段，变成了工作目的。你是不是每天都在堆砌文字、堆集图表、堆积页面、赶制PPT？我们的时间都浪费在做PPT上了。

PPT虽然人人会用，但很少有人能将PPT做好。为什么软件越来越先进好用，我们做出来的东西却没有根本提升？因为我们在做PPT的时候，存在四个方面的问题：制作流程不对、逻辑结构不清、视觉表现不佳、演示沟通不畅。

（1）制作流程不对：闭门造车，理解片面，目标错误，熬夜苦战，上交领导，批评重做，内心彻底崩溃。

（2）逻辑结构不清：主题模糊，材料不足，说服力差，逻辑不清，观众反应平淡，昏昏欲睡。

（3）视觉表现不佳：文字、图片杂乱繁多，五颜六色，干扰过多，令人眼花缭乱，一头雾水，不得要领。

（4）演示沟通不畅：语言表达不佳、手势体态失当、互动交流缺乏、场地环境糟糕、突发故障无策、容量大版本有差异、照屏宣科复读、退出困难放映麻烦。

如陆游所言："汝果欲学诗，工夫在诗外。"PPT的工夫，也在PPT之外。PPT软件本身的功能技

巧是次要的，PPT的结构搭建、元素设计、内容美化和视觉思维才是主要的，利用PPT达成沟通目标才是根本的。

而对于职场人士，每个人都有自己对PPT的关注点和兴趣点。有的人关注PPT的逻辑结构搭建，有的人关注从哪里下载精品模板，有的人想找到精美的图片，有的人想排版又快又好，有的人喜欢超酷炫的动画……

有些人过于强调PPT的结构，我认为这是片面的，不是说PPT只要观点鲜明、逻辑清晰、结构合理、层次分明，就完全称得上是一个好的PPT了；有些人过于强调PPT的美化，我认为这也是片面的，不是说设计得多么漂亮、动画做得多么酷炫，就是一个好的PPT了。一个好的PPT，不仅要做到观点鲜明、逻辑清晰、结构合理、层次分明，还需要各元素的设计搭配和版式美化，更好地将PPT的结构视觉化地呈现出来。

我认为PPT的结构（主题观点、逻辑结构）很重要，PPT的内容（文字、形状、图片、图示、图表）很重要，PPT的设计形式（版式设计、美化、配色）很重要，PPT软件本身的技巧功能也很重要。

每当我在课堂上说："这些都很重要的时候，大家都笑了。就好像一名语文老师在教大家写作文，作文开头很重要，作文中间也很重要，作文结尾也很重要。"

我曾经提出过优秀PPT制作与演示的十二大原则："观众需求为导、主题观点为魂、逻辑结构为王、情景故事为线、视觉呈现为法、创意设计为先、专业排版为基、简洁和谐为美、素材资源为源、软件工具为辅、完美演示为准、沟通认同为本。"

确实如此，一个好的PPT不仅要有好的结构，而且要有好的内容；不仅要形式美观，而且要沟通为本。这不是一方面就能解决的问题。就相当于一个人，既要有好的身材（逻辑结构），也要有好的容貌（元素设计），还要有好的服饰打扮（美化配色），更要有好的言谈举止（沟通表达），凡事都具备，才能成为一个佳人。

我在课堂上经常强调，学好PPT的三大要素："逻辑思维能力与文案提炼能力、图文设计能力与视觉创意能力、演讲说服能力与沟通表达能力。"

（1）逻辑思维能力、文案提炼能力。

制作PPT之前，应该先进行背景分析，分析观众的关注点和兴趣点，选定精准的主题，确定合理的线索，搭建幻灯片的逻辑结构。应该加强文案提炼能力，文字精练，观点先行。PPT只放重点信息和核心数据，避免直接使用Word搬文字来制作PPT。

（2）图文设计能力、视觉创意能力。

PPT不仅需要结构清晰，更要通过形式将结构视觉化地呈现出来，让读者看到PPT的结构层次，所以PPT还是个设计活儿。因此，我们需要提升视觉思维能力，对文字形状、图片图表进行视觉化展现，

讲究版式美化、页面修饰、创意设计和专业配色。

（3）演讲说服能力、沟通表达能力。

做PPT不是目的，PPT只是手段和形式，利用PPT实现沟通、达成目标这才是目的。我们要认清一点："人才是演示的主角，PPT只是辅助工具。"所以，要有效说服观众，需要同时提升自己的沟通表达能力，积极锻炼口才，注重演讲表达。

这本书介绍从上万个PPT技巧中精心遴选出的最实用的技巧，并囊括了在企业内训中职场人士经常问到的高频疑难问题，通过"7大专题＋118个实例"进行讲解，具体内容包括PPT的基础结构布局、文字说明应用技巧、色彩搭配应用技巧、图片编辑处理技巧、图形图表处理技巧、排版编辑应用技巧、动画特效制作技巧。我将自己长期以来沉淀的PPT制作经验通过本书分享给读者，希望能对大家有所帮助。

本书得到Office领域和培训界很多前辈领袖和广大同仁的鼎力支持，在Office领域和培训界有很大影响力的秋叶、马建强、陈魁、沈琳洁、包翔、王佩丰、杨臻、潘淳、王一名、杜江、刘道军、马成功等诸多老师都给予了大力支持和帮助，在此表示衷心的感谢！

本书也得到了很多国家机关、高等院所、企事业单位领导的关心，如眭银平先生、瞿锦华先生、倪国颖女士、黄敏女士、王祎先生、宋叶芹女士、陈日华先生、吴波先生、梁靖梅女士、高蔚女士、顾胜男女士、张博先生、李艳蓉女士、葛佳先生、周鑫女士、徐冠男女士、石晶女士、王超先生、胡超女士、王朝朝先生、李建刚先生、钟鸣盛先生、申晓芬女士等，都给予了鼎力支持，在此表示衷心的感谢！

本书参考、借鉴了众多PPT大咖的精彩效果与技巧，如秋叶、陈魁、马建强、包翔、杨臻等老师，在此表示衷心的感谢！

左手Excel，右手PPT。《完美演绎——PPT高手速成》和《神技妙算——Excel高手速成》，这两本书，专门安排助理录制了视频教程同步讲解，直观易学，通俗易懂，希望成为你随身携带的职场高效能办公宝典。

谨以此书，献给富有进取精神的职场人士！让我们一起成就精彩职场人生！
因作者水平有限，书中内容若存在不足，欢迎交流与指正。

编 者

目录
CONTENTS

第 3 章　配色秘籍：色彩搭配应用技巧 83

视觉沟通：图片编辑处理技巧............115

完美演绎——PPT高手速成

第 5 章　　修饰美化：图形图表处理技巧 ………… 153

ant
实例 61　绘制形状：快速复制并对齐各形状对象 …… 154
实例 62　形状设置：将形状内文字取消自动换行 …… 157
实例 63　形状调整：组合对象后再缩放避免错乱 …… 158
实例 64　插入符号：用文本图标库插入特殊形状 …… 160
实例 65　编辑顶点：调整形状样式制作特殊形状 …… 163
实例 66　制作半圆：快速绘制半圆图形效果 ………… 168
实例 67　圆角矩形：为 PPT 的元素增加更多亮点 …… 170
实例 68　合并形状：5 种方式制作新的形状效果 …… 173
实例 69　圆形设计：制作简洁个人简介封面效果 …… 175
实例 70　添加线框：制作不连续的文字线框效果 …… 177
实例 71　层叠背景：用线框修饰页面背景 …………… 179
实例 72　直线设计：让 PPT 的排版更加精美专业 …… 180
实例 73　填充渐变色：美化图形增加画面立体感 …… 182
实例 74　图表美化：快速清除系统中的默认样式 …… 183
实例 75　清除格式：制作简洁规范的表格效果 ……… 185
实例 76　图表技巧：使用图片美化图表的数据点 …… 188
实例 77　创意玩法：填充形状制作可视化图表 ……… 189
实例 78　饼图设计：制作圆环分裂状逻辑图效果 …… 192
实例 79　SmartArt：将文字一键变成组织结构图 …… 194
实例 80　更改形状：调整 SmartArt 形状格式效果 …… 196

第 6 章　　风格设计：排版编辑应用技巧 ………… 199

实例 81　简化工作：快速去除 PPT 中的默认版式 …… 200
实例 82　选择窗格：查看 PPT 中的图层元素 ……… 201

画面切换：动画特效制作技巧 245

附　录　　PPT常用快捷键汇总 295

第1章

快速入门：

PPT 基础结构布局

学习提示

　　PPT 的逻辑结构就是 PPT 的"骨架"和"灵魂"。其中，结构可以理解为"骨架"，而逻辑则可以理解为"灵魂"，是用户在创作 PPT 作品时的关键所在，能够赋予 PPT 更多的生命力和说服力，让 PPT 可以将各种信息更加清晰地展现在观众眼前，同时观众也会更加容易理解其中的内容。

本章案例导航

- 结构草图：了解 PPT 结构构思基本流程
- 标准型导航：由书籍目录结构演化而来
- 图表型导航：借用 PPT 图表来美化画面
- 同步型导航：合并目录系统与内容系统
- 故事式结构：根据线索安排目录和内容
- 渲染式结构：对内容不断地重复和强化

......

实例1 **结构草图：了解PPT结构构思基本流程** ▽

幻灯片设计和演说方面的专家加尔·雷纳德（Garr Reynolds）曾说过："设计应始于开启电脑前的准备阶段，要平心静气，集中考虑所要演说的话题、目标、针对的听众等问题。"在正式制作PPT之前，需对PPT的整体结构进行规划和考虑，对内容进行梳理，在大脑中绘制出PPT的结构草图，如图1-1所示。下面以商业PPT为例，介绍PPT的构思流程。

1. 背景分析：听众的角度

构思PPT需要了解听众，在应用场合中去分析听众。一般情况下，需要了解如下内容。

- 他们是谁？
- 为什么要做这次演示？
- 他们的数量、年龄、性别？
- 他们的职层、学历、岗位？

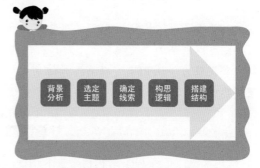

图1-1　PPT逻辑结构搭建过程

2. 选定主题：精准化主题

PPT的标题是最好的广告位，要精准点出主题，引人入胜，如图1-2所示。

在选择PPT的主题时，需要注意一点，主题一定要提对问题，能够引起用户思考，激发他们的好奇心，如图1-3所示。另外，PPT的主题要使用关键词组合或简单完整的句子来凝练和概括内容，如图1-4所示。

图1-2　精准点出主题的PPT示例

图 1-3　通过主题提问的示例　　　　图 1-4　使用关键词组合凝练主题的示例

3. 确定线索：故事化线索

有了好线索，PPT才会变得流畅，有说服力，才能让你的PPT娓娓道来，会讲故事，如图1-5所示。

图 1-5　确定线索的基本方法

专家指点

不同的演示目的、演示风格、受众对象和使用环境，决定了不同的PPT结构、素材、配色，所以我们要站在受众的角度来考虑PPT的制作过程。

4. 构思逻辑：具象化思路

当 PPT 的线索清晰后，用户还不能马上进行制作，而应该先分析整个 PPT 的整体逻辑架构，将具体的思路理清，也就是说要将 PPT 的逻辑具象化，然后才能在此基础上去制作和美化 PPT。

5. 搭建结构：打造说服力

一切形式都是为演示目标服务的，完美演示是一个系统工程，幻灯片设计不过是其中的一个环节，对日常工作而言，PPT 的形式结构比内容更容易进行操作。常用的有金字塔结构，或者参考商业文案提纲结构以及微软自带结构，如图 1-6 所示。

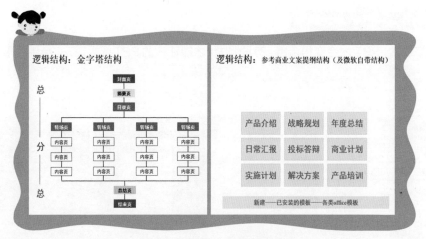

图 1-6　PPT 的基本逻辑结构

实例 2　逻辑结构：快速搞定 PPT 幻灯片结构图 ▼

PPT 逻辑结构的常见类型如图 1-7 所示。例如，我们可以按照下面的步骤来制作 PPT 的框架图，这样可以让 PPT 的结构一目了然。

第01步 构思出一张张幻灯片并按序号排列，如图1-8所示。

图1-7 PPT逻辑结构的常见类型   图1-8 按序号排列幻灯片

第02步 这套幻灯片一般不会直线排列，而是会按照如下的金字塔结构排列，如图1-9所示。

第03步 按照这样的结构布局，把内容补充到相应的页面，如图1-10所示。

 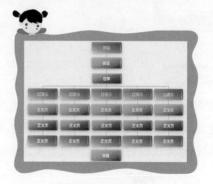

图1-9 金字塔结构排列   图1-10 补充页面

 1. 模块型

　　模块型结构是指将演示内容拆分为一个个的模块，每个模块的联系并不大，因此用户可以随意调换演示顺序和模块内容，如图1-11所示。模块型结构的不足之处在于这种太过于松散的结构，会让观众对信息的理解和记忆更加困难。

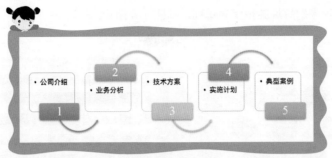

图 1-11　模块型结构

专家指点

　　如果内容较复杂，可以在过渡页之后再加分目录，但分目录在形式上应跟主目录有明显的层次感，不宜过分抢眼。

2. 时间轴

　　时间轴结构是指根据某个事件的先后发生顺序来安排演示内容的结构，能够让用户非常直观、清晰地看到整个事件的过程和变化，如图1-12所示。当然，很多情况下并没有明确的时间轴，同时这种结构也无法很好地突出你想要表达的重点信息。

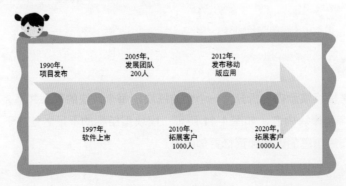

图 1-12　时间轴结构

3. 地点线

地点线结构就是根据不同的事件发生地点来安排演讲内容, 非常适合有明确地理位置的演示场景。制作地点线结构时最好添加一些动态的过渡和切换效果, 让观众更直观地看到地理位置的变化过程。需要注意的是, 地点线的位置需要精确, 而且很多素材也没有明确的地点, 因此无法使用这种结构来设计。

4. 问题 – 解决型

在问题 - 解决型结构中, 问题和解决方案显然是不可或缺的两个重要元素, 问题需要足够吸引人, 而解决方案则需要很好地解决用户痛点, 这样观众才能认真关注你的演示内容。但是, 很多时候设计者在采用这种 PPT 结构时, 往往太过于主观, 他所提出的问题只是他自己碰到的问题, 而这个问题可能并没有切中真正的用户痛点。

5. 特色 – 利益型

在特色 - 利益型结构中, 需要强调两个关键点, 分别是产品的特色, 以及能够给观众带来的利益, 同时需要以用户为基础来进行设计, 这样才能真正吸引他们的注意, 如图 1-13 所示。需要注意的是, 采用特色 - 利益型结构设计 PPT 时, 不要盲目地堆砌产品卖点, 如果与用户的实际需求脱节, 那么这些卖点也是毫无意义和价值的。

图 1-13 特色 - 利益型结构

6. 比较 - 对比型

比较 - 对比型结构的关键在于"对比"，比较的对象可以是自己的过去、同行或者与他人的差别，可以让观众非常直观地看到孰优孰劣，如图 1-14 所示。当然，俗话说"有对比就有伤害"，这种结构难免会得罪那些跟你进行对比的对象。

7. 自问自答型

自问自答型结构并不是针对设计者本身的，而且针对观众的问题，要通过这个问题让观众充分参与进来，然后再说出答案，从而让观众产生共鸣，活跃氛围，如图 1-15 所示。自问自答型结构的最大不足之处在于如果你提供的答案并不是观众想要看到的，那么很可能就会出现冷场的情况。

图 1-14　比较 - 对比型结构

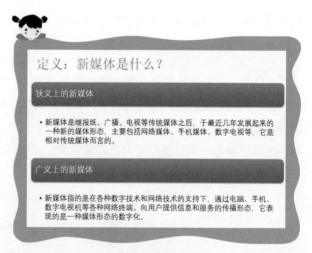

图 1-15　自问自答型结构

8. 数字榜单型

数字榜单型结构是指在模块型结构的基础上，增加一个线索来贯穿始终，将这些原来关系不大的模块联系在一起，让叙述的过程更加有依据，如图 1-16 所示。

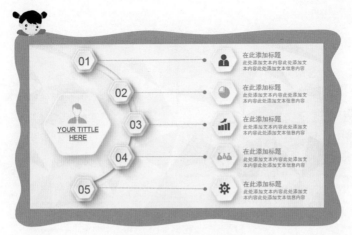

图 1-16 数字榜单型结构

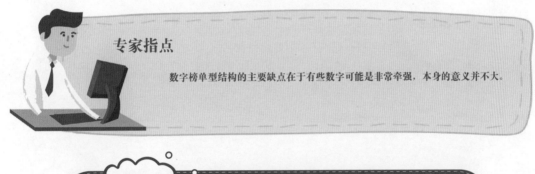

专家指点

数字榜单型结构的主要缺点在于有些数字可能是非常牵强，本身的意义并不大。

实例 3 **标准型导航：类似于书籍的目录结构**

标准型导航结构与我们常常看到的书籍目录非常相似，会有一个基本的目录大纲，所有章节内容根据这个大纲来展开，同时每个章节前还会增加一个目录大纲过渡页面，用来展现整个 PPT 的目录结构，并突出本章节要表达的主题。

如图 1-17 所示，为一个标准型的蓝色简约商务 PPT 模板，在主题页面后面紧跟着目录导航系统，单击目录标签，即可快速跳转到相应页面。

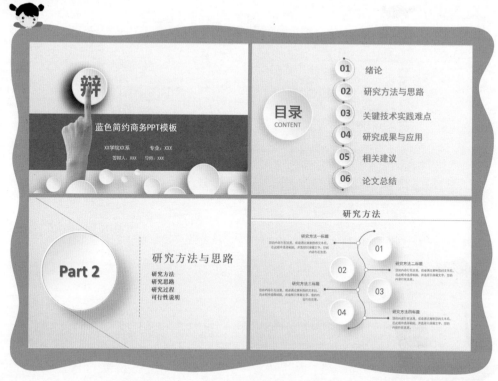

图 1-17　标准型 PPT

实例 **4**　网页型导航：使得幻灯片内容丰富充实 ▼

　　网页型导航系统是指借鉴网站的导航形式，将所有内容和导航都放在一个页面中，这样观众在任意页面中都可以通过导航系统来进行跳转。图 1-18 所示为网页型 PPT，借鉴网页的结构形式，在幻灯片上方做成文字链接，下方则是网页主题内容。

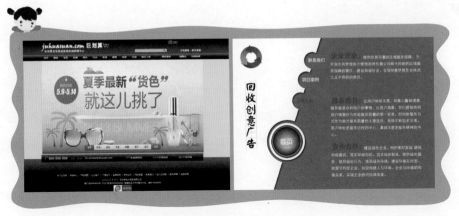

图1-18 网页型PPT

实例5 图表型导航：可直观展示导航目录信息

图表型导航是指将导航系统设计成图表的样式显示，这样导航结构更加直观、清晰、生动，页面效果也更加美观，整体风格也容易实现统一。

如图1-19所示，为一个图表型的毕业论文PPT模板，通过图表来设计各个目录标签，可以让PPT的目标标题更加一目了然，层次结构更加清晰。

图1-19 图表型的PPT

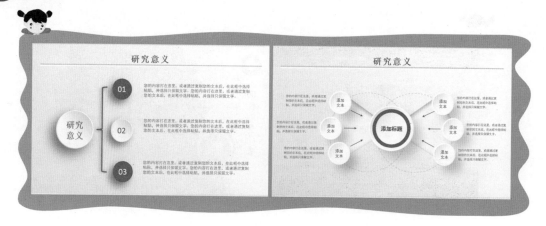

图 1-19　图表型的 PPT（续）

实例 6　图画型导航：用一幅图画组成 PPT 页面

图画型导航是指直接采用图画作为 PPT 的内容，整个 PPT 页面中并没有明显的目录和封面等元素，而是将这些元素都融入到图画中，使其变成一个整体，不仅可以带来更好的视觉感受，而且能够让演讲更具感染力。

如图 1-20 所示，这是一个摄影作品欣赏的 PPT 示例，所有页面都是由图片与主题构成的，结构非常简单。同时，用户也可以在图片上进行一些创意的边框设计，从而让 PPT 画面看上去更加自然和谐。

图 1-20　图画型的 PPT

图 1-20　图画型的 PPT（续）

专家指点

　　图画型 PPT 对平面设计水平、图片素材、创意以及演说技能等要求较高，在制作过程中，需要尽量避免以下几个问题。

- 画面过于单调，缺乏情节的起伏。
- 演示者容易因为紧张而忘词，表达不到位。
- 页面切换不明显，容易给观众造成混乱。

实例 7　同步型导航：合并目录系统与内容系统　▼

同步型导航是一种结合目录和内容的导航系统，用户在选择导航中的目录标签时，会跳转

到对应的内容页面，同时目录标签也会同步产生变化，如背景颜色、字体颜色、字体大小等，这样所有人都可以非常直观地了解自己目前所浏览页面在目录中的位置。

如图 1-21 所示，在切换查看不同的 PPT 页面时，左侧的目录系统始终是固定不变的，在所有内容页面都存在目录系统，而且用户可以在任何页面通过目录系统实现快速跳转。

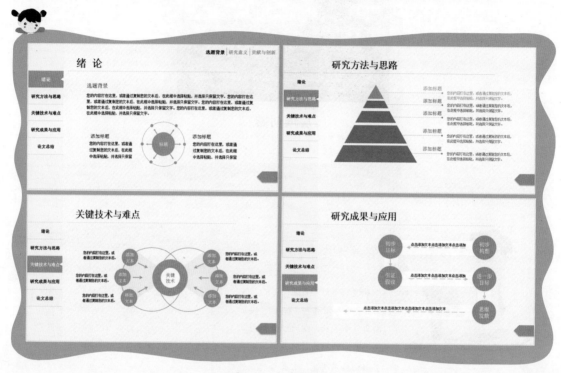

图 1-21　同步型 PPT

同步型导航的不足之处在于，设计 PPT 时需要在所有页面中都安排一部分空间来放置导航系统，这样容易造成页面空间的浪费，以及需要更高的硬件配置来展现这些过渡动画，同时也会影响信息的表达。

实例8 说明式结构：针对某对象进行逐步分析

说明式结构可以采用并列或者递进的关系来安排各个模块的内容，在说明时可以根据时间顺序、地理位置、空间位置顺序来安排结构，使演示的内容井然有序、条理清楚。

如图 1-22 所示，为说明式结构的 PPT 示例，打开该 PPT 后，首先是主题页面，接下来则是目录系统，针对某个选题采用循序渐进的分析方法。

图 1-22 说明式结构 PPT 的主题页面和目录系统示例

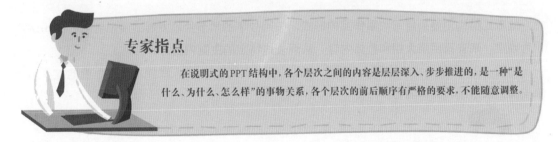

专家指点

在说明式的 PPT 结构中，各个层次之间的内容是层层深入、步步推进的，是一种"是什么、为什么、怎么样"的事物关系，各个层次的前后顺序有严格的要求，不能随意调整。

然后根据目录系统，来展现 PPT 的各个主题内容，包括选题意义及目的、国内外发展现状、主要研究内容、项目原理分析、项目方案设计、研究结果及应用，最后为总结建议，整体的条理性非常清晰，如图 1-23 所示。

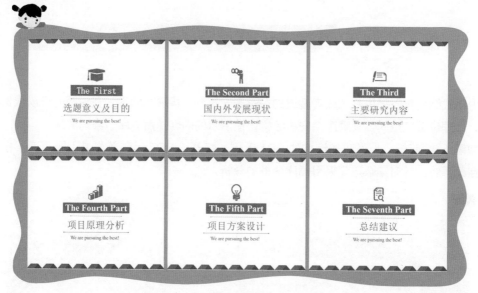

图 1-23　说明式结构 PPT 的内容页面示例

实例 9　故事式结构：根据线索安排目录和内容

故事式结构主要采用写故事作品的形式，按照故事的情节片段发展或演示者内心的想法意识为线索，来安排目录大纲和具体内容，从而表达特定的主题内容。

如图 1-24 所示，为中国四大名著之一的《三国演义》的 PPT 课件，通过小说的故事情节来安排目录系统和具体内容。

专家指点

故事式结构的 PPT 主要有以下两个特点。

● 没有拘泥于形式，可以用过渡页，也可以一个故事接一个故事连续讲述；可以出现标题、解释性文字，也可只用图片不用文字；一切，都根据演讲者的习惯和爱好而定。

● 如果只有一个故事，则可以直接一条线索到底；如果有多个故事，就需要以场景形式分割，每个场景的风格最好能有所区分。

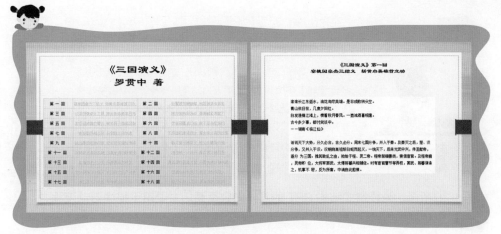

图 1-24　故事式结构 PPT 示例

实例 10　抒情式结构：直接随心抒发自己的情感

抒情式结构以抒发演示者的情感为主，往往会在演示文稿作品中直接显露演示者的某种情绪、情感或者心境，描绘特定的画面效果，并创造意境。图 1-25 所示为抒情式结构，片头动画采用"开门见山"式，直接点出主题，同时在第二页阐述活动目的，让观众一目了然。

图 1-25　抒情式结构 PPT 示例

专家指点

抒情式的结构给 PPT 赋予了极强的感染力，主要有以下几个特点。

● 抒情型 PPT 不受拘束，动画可以显得随意而洒脱，文字、图片、图表可以随心所用，能充分表达作者思想的都是正确的。

● 抒情型 PPT 可以采用自动播放，再配上音乐会更具有感染力。

● 抒情型 PPT 分析要自然，杜绝空洞的口号。

如图 1-26 所示，为抒情式结构 PPT 的具体内容页面，主要用于描述活动流程。

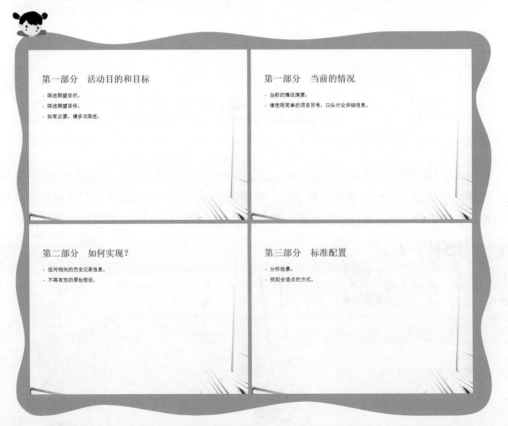

图 1-26　描述活动流程

在 PPT 的最后，针对上面的活动发表建议，并进行总结和后续工作的安排，同时在结尾以图片的形式来呼应主题，如图 1-27 所示。

图 1-27 抒情式结构的结尾部分

专家指点

　　很多人在设计 PPT 时，为了更好地强化主题或者增加美观性，在其中加入了大量的图片，但如果这些图片跟主题没有任何关系，则很可能会分散听众对主题的注意力，这是得不偿失的。因此，我们在选择插图时，应尽量找到与主题相关的图片。

实例 11　渲染式结构：让观众感觉情景更加真实 ▼

　　渲染原本是一种文艺创作的表现形式，是通过一些突出的描写、形容和烘托等手法展现创作对象。在 PPT 结构设计中，渲染式结构主要是通过重复、强化、铺张和夸大等形式，来展现和渲染演示的内容，以加强内容的表达效果。

　　图 1-28 所示为渲染式结构，整个 PPT 始终围绕"旅游"这个点来表达观点和展现主题，同时展现形式比较丰富，包括文字、图片、图表等，层次结构鲜明。

图 1-28　渲染式结构

实例12　罗列式结构：按照一定的顺序罗列内容 ▼

　　罗列式结构是指通过罗列清单的方式来安排目录和内容，按照一定的顺序将信息进行陈列，并再加以阐释，以便引起观众的重视。图 1-29 所示为罗列式结构。

虚拟现实硬件外设概况

虚拟现实技术的硬件设备

立体眼镜

- 立体眼镜也叫3D立体眼镜，可以实现3D模拟场景VR效果的观察，是目前最为流行和经济适用的VR观察设备。

高清数字头盔

- 高清数字头盔又称为头戴显示器、数据头盔或数字头盔，是虚拟现实应用中的3D VR图形显示与观察设备，使用方式为头戴式。

数据手套

- 数据手套是一种通过软件编程后实现虚拟场景中物体的抓取、移动、旋转等动作的交互设备，具有多模式性，有有线和无线、左手和右手之分。

类	项A	项B
盒1		
盒2		
盒3		

虚拟试衣镜

虚拟试衣镜是俄罗斯一家科技公司发明的一款"魔镜"，购物者站在镜子前，试穿新衣后的三维图像就会自动显示出来。

步骤 1 标题 → 步骤 2 标题 → 步骤 3 标题 → 步骤 4 标题

动作捕捉系统

动作捕捉系统是将微型惯性运动传感器、无线Xbus系统与高效传感器等技术相结合的、能够实时捕捉人体6个自由度的惯性运动，并在电脑中实时记录的动态捕捉装备。

空间交互球

三维空间交互球是一种主要用于6个自由度VR场景的模拟交互的虚拟现实设备。

虚拟现实技术的其他外设

虚拟驾驶系统　　播放立体显示系统

图 1-29 罗列式结构

实例 13　改进措施：PPT 的常见问题与改进方法

PPT 是一个非常神奇的工具，它具有以下特点。

- PPT 有美丑。
- PPT 有性格。
- PPT 有气质。
- PPT 有心情。
- PPT 会说话。
- PPT 会办事。

即使 PPT 有这么多的优势，但我们仍然会遇到很多问题。

为什么 PPT 从工作手段，变成了工作目的？

很多人每天面对 PPT，加班还是在做 PPT？

为什么软件越来越先进好用，而我们做出来的东西却没有根本提升？

大部分人只是在 PPT 中堆砌文字、堆集图表、堆积页面、赶制 PPT，将时间都浪费在做 PPT 上了，甚至连那些 "职场白骨精" 也在为 PPT 抓狂。出现上面这些问题，主要在于设计 PPT 时犯了一些常见错误，导致视觉表现不好，让人眼花缭乱、一头雾水、不得要领。

1. 文字多

很多人在制作 PPT 时，直接使用 "Word 搬家" 功能来实现，也就是直接从 Word 中将文字复制到 PPT 上面，这样做出来的 PPT 都是密密麻麻的文字，如图 1-30 所示。

- 文字太多，会造成听众分不清楚重点，容易产生 "看" 信息的负担，进而影响 "听" 的效率。

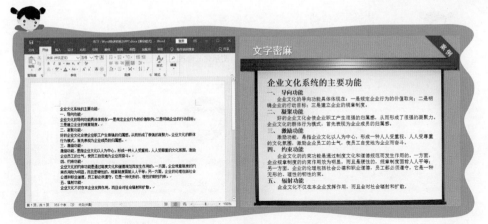

图 1-30 直接从 Word 中将文字复制到 PPT 上面

● 字体太小，观众容易视觉疲劳，产生抵触心理。

"文字多"问题的改进对策如下。

● 需要提炼文字，使用精练概括的语句，如图 1-31 所示。

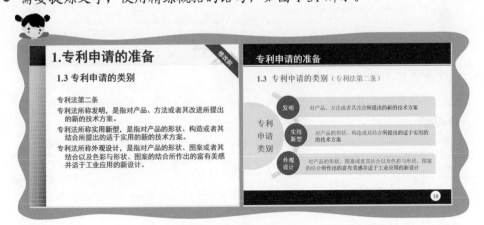

图 1-31 提炼文字的改进示例

● 使用图示化，将文字做成图标，相关示例如图 1-32 所示。

图 1-32　文字图示化的改进示例

- 可以考虑将内容分成几个页面，单独展示。
- 采用时间线的结构方式，来展现流程式的文字内容，如图 1-33 所示。

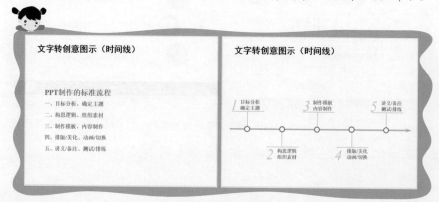

图 1-33　时间线的改进示例

● 将文字放大，并配上图片。

专家指点

记住：你提供的信息量越多，观众记住的就越少。较少文字，比大量文字的PPT更能够让听众有效地掌握和吸收内容。

2. 图片糟

图片平平也是很多人在设计PPT时常犯的错误，主要问题集中在以下几个方面，如图1-34所示。另外，还有一些PPT使用的剪贴画过于陈旧，影响视觉表达效果，如图1-35所示。

用户可以从微软官网、昵图网、全景网、图酷等网站，找到高质量的精美图片。需要注意的是，大部分网站的图片是收费的，用户需要付费购买有版权的图片。

图 1-34 图片平平的示例

图 1-35 剪贴画旧的示例

如图1-36所示，为写实类图片与卡通类图片的视觉效果对比，不同的图片类型会带来不一样的视觉效果，在设计PPT时我们可以根据主题场景来选择合适的图片。

图 1-36　卡通类图片与写实类图片的视觉效果对比

3. 背景繁

繁杂的背景会影响内容的表达，让观众看起来非常累，难以找到重点，如图 1-37 所示。

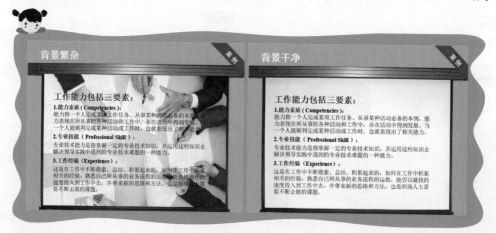

图 1-37　背景繁杂与背景干净的示例

4. 改进方法

针对上面这些问题，笔者总结了一些 PPT 的改进方法，这些原则同时也是优秀 PPT 的评价标准，能够帮助用户提升 PPT 作品的质量，如图 1-38 所示。

（1）目标明确。

PPT要做到目标明确，不仅要有精准化的主题，还必须有鲜明的观点，相关示例如图1-39所示。

在阐述观点时，用户可以通过实质内容来修饰这些观点，而不是空洞的泛泛之谈，如图1-40所示。

（2）逻辑清晰。

图 1-38 优秀 PPT 的评价标准

逻辑清晰主要是从金字塔结构和故事化线索两方面下功夫，善用故事来提升观众兴趣，吸引并保持观众的注意力，相关技巧如图1-41所示。

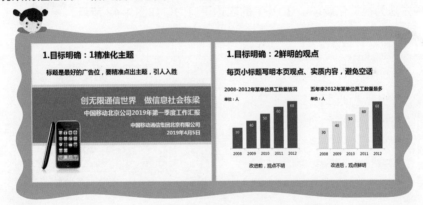

图 1-39 用精准化主题或者鲜明的观点来明确目标

图 1-40 普通罗列与观点鲜明的展示效果对比

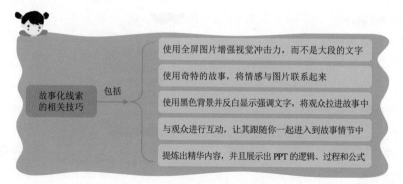

图 1-41　故事化线索的相关技巧

（3）表达有力。

第 1 种方法为视觉化展现，让 PPT 的表达更有力，如图 1-42 所示。

图 1-42　视觉化展现改进示例

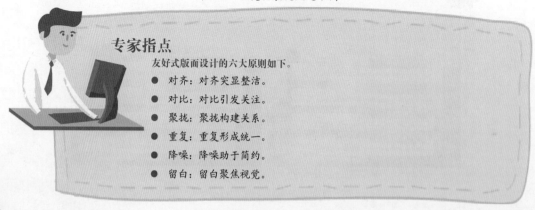

专家指点

友好式版面设计的六大原则如下。

● 对齐：对齐突显整洁。

● 对比：对比引发关注。

● 聚拢：聚拢构建关系。

● 重复：重复形成统一。

● 降噪：降噪助于简约。

● 留白：留白聚焦视觉。

第2种方法为友好式版面设计，相关原则和示例如图1-43所示

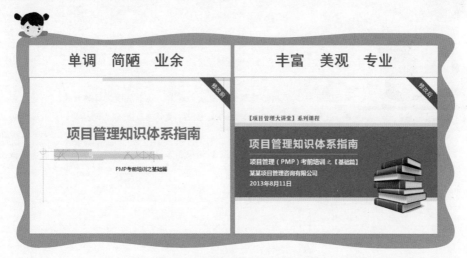

图1-43 友好式版面的改进示例

第3种方法为情景式演绎，这样的PPT不再是枯燥的纸上谈兵，而是将事情的前因后果、推进情况通过PPT来生动呈现，能够更好地引起用户共鸣。

如图1-44所示，通过情景演绎展现人防工程中的防水板工作原理。如图1-45所示，通过情景演绎展现VR眼镜产品的使用效果。

图1-44 情景式演绎示例（1）

图1-45 情景式演绎示例（2）

专家指点

设计是把一种计划、规划、设想通过视觉的形式传达出来的活动过程。设计正逐渐成为PPT制作过程中的核心技能之一，也是衡量PPT质量好坏的基本标准。

在PPT中，一个好的设计，可以起到如下作用。

● 设计精美的PPT能够吸引观众的注意，达到赏心悦目的效果。

● 设计精美的PPT能够给人更专业、更认真、更可靠的感觉，更能赢得观众的信任。

● 设计精美的PPT将更能得到领导和客户的优先选择，从而得到更多的成功机会。

第2章

表达呈现：

文字说明应用技巧

本章案例导航

- 导入文本：从外部导入文档到幻灯片中
- 替换字体：一次性替换PPT中的字体
- 使用插件：快速拆分出文本框中的文字
- 字体设计：如何局部设置字体的颜色？
- 文本效果：用文本框制作放射线的背景
- 文字风格：制作抖音"故障风"文字

......

手机摄影后期

PPT 中的文字越多，则越需要进行设计，让内容以最优雅的方式呈现。用户可以在 PPT 中设置默认文本框，即将某个文本框的字体、字号和相关效果进行设置，插入的其他文本框可以应用同样的默认文本框设置，这样做可以减少大量的重复操作，有助于提高工作效率。

扫码看视频	素材文件	素材 \ 第 2 章 \ 实例 14.pptx
	效果文件	效果 \ 第 2 章 \ 实例 14.pptx
	视频文件	视频 \ 第 2 章 \【实例 14】省时省力：设置默认文本框，提高效率 .mp4

第01步 在 PowerPoint 中，打开一个素材文件，如图 2-1 所示。

第02步 切换至"插入"面板，在"文本"选项板中单击"文本框"按钮，在弹出的下拉菜单中选择"绘制横排文本框"命令，如图 2-2 所示。

图 2-1 素材文件

图 2-2 选择"绘制横排文本框"命令

第03步 将光标移至编辑区内，在空白处单击鼠标左键并拖曳，至合适位置后释放鼠标左键，绘制一个横排文本框，如图 2-3 所示。

第04步 在文本框中输入相应的文本，并对文本框位置进行适当调整，如图 2-4 所示。

第05步 在"开始"面板中，单击"字体"右侧的下拉按钮，在弹出的下拉列表中选择"黑体"选项，如图 2-5 所示。

第06步 执行操作后，即可设置文本的字体，如图 2-6 所示。

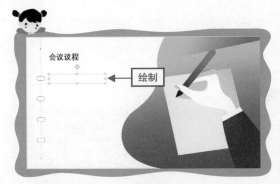

图 2-3 绘制一个横排文本框

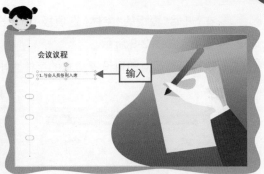

图 2-4 输入并调整文本

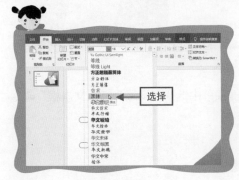

图 2-5 选择相应字体

图 2-6 设置文本的字体

第07步 在"开始"面板的"字体"选项板中，单击"字体颜色"右侧的下拉按钮，在弹出的列表框的"标准色"选项区中，选择"浅蓝"选项，如图 2-7 所示。

第08步 执行操作后，即可设置文本的颜色，如图 2-8 所示。

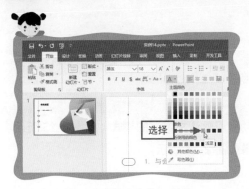

图 2-7 选择"浅蓝"选项

图 2-8 设置文本的颜色

第09步 在"开始"面板的"字体"选项板中，单击"字号"右侧的下拉按钮，在弹出的下拉列表中，选择 24 选项，如图 2-9 所示。

第10步 执行操作后，即可设置文本的字体大小，如图 2-10 所示。

图 2-9　选择 24 号字

图 2-10　设置文本的字体大小

第11步 选中该文本框，单击鼠标右键，在弹出的快捷菜单中选择"设置为默认文本框"命令，如图 2-11 所示。

第12步 在下方插入另一个文本框，如图 2-12 所示。

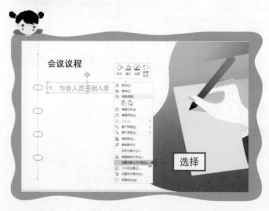

图 2-11　选择"设置为默认文本框"命令

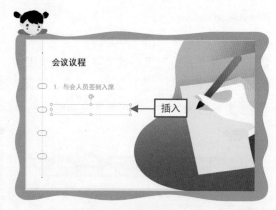

图 2-12　插入文本框

第13步 在文本框中输入相应文字，可以看到会自动套用默认文本框的格式，如图 2-13 所示。

第14步 继续添加其他文本框和相应文字，最终效果如图 2-14 所示。

图 2-13 输入文字

图 2-14 最终效果

专家指点

在 PowerPoint 中使用文本框，可以使文字按不同的方向进行排列，从而灵活地将文字放置到幻灯片的任何位置。在"文本框"下拉菜单中，如果选择"竖排文本框"命令，则输入的文本内容会按竖向排列。

实例 15 导入文本：从外部导入文档到幻灯片中 ▽

在 PowerPoint 中插入文本的方法比较多，除了可以直接通过占位符和文本框来输入文字内容外，用户还可以通过"插入"面板中的"对象"命令，快速导入 Word 和记事本中的文字内容。

扫码看视频	素材文件	素材 \ 第 2 章 \ 实例 15.pptx、实例 15.docx
	效果文件	效果 \ 第 2 章 \ 实例 15.pptx
	视频文件	视频 \ 第 2 章 \【实例 15】导入文本：从外部导入文档到幻灯片中 .mp4

第01步 在 PowerPoint 中，打开一个素材文件，如图 2-15 所示。

第02步 切换至"插入"面板，在"文本"选项板中单击"对象"按钮，如图 2-16 所示。

图 2-15 素材文件　　　　　　　　　　图 2-16 单击"对象"按钮

第03步 在弹出的"插入对象"对话框中选中"由文件创建"单选按钮，如图 2-17 所示。

第04步 单击"浏览"按钮，弹出"浏览"对话框，在相应文件夹中选择需要的文件，如图 2-18 所示。

图 2-17 选中"由文件创建"单选按钮　　　　图 2-18 选择需要的文件

第05步 依次单击"确定"按钮，即可在幻灯片中显示导入的文本文档，如图 2-19 所示。

第06步 适当调整文本框的大小和位置，最终效果如图 2-20 所示。

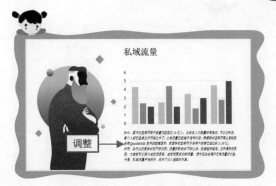

图 2-19 导入文本文档   图 2-20 最终效果

实例 16   文字应用：将 Word 文档一键生成 PPT ▽

办公人员经常需要在各种文档之间转换格式，例如将 Word 转换为 PPT 就是其中之一。转换文档的方法有很多，下面介绍一种相对简单而且不需要借助第三方转换工具的方法。

素材文件	素材 \ 第 2 章 \ 实例 16.docx
效果文件	效果 \ 第 2 章 \ 实例 16.pptx
视频文件	视频 \ 第 2 章 \【实例 16】文字应用：将 Word 文档一键生成 PPT.mp4

第01步 打开一个 Word 素材文件，如图 2-21 所示。

第02步 切换至"文件"面板，选择"选项"选项，如图 2-22 所示。

第03步 执行操作后，弹出"Word 选项"对话框，如图 2-23 所示。

第04步 在对话框中切换至"自定义功能区"选项设置界面，在"从下列位置选择命令"下拉列表中选择"所有命令"选项，如图 2-24 所示。

第05步 在"所有命令"列表框中找到"发送到 Microsoft PowerPoint"选项，接着在右侧"主选项卡"列表框中将刚才的发送到 Microsoft PowerPoint"选项添加到此列表框中，如图 2-25 所示。

第06步 单击"确定"按钮，即可添加一个自定义功能区，如图 2-26 所示。

图 2-21　素材文件

图 2-22　选择"选项"选项

图 2-23　弹出"Word 选项"对话框

图 2-24　选择"所有命令"选项

图 2-25　添加相应命令选项卡

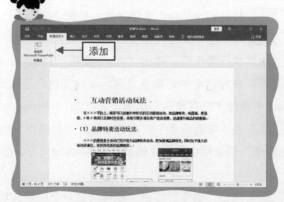

图 2-26　添加到自定义功能区的选项卡

第07步 在"视图"面板的"视图"选项板中，单击"大纲"按钮，如图 2-27 所示。

第08步 执行操作后，进入大纲浏览模式，如图 2-28 所示。

图 2-27 单击"大纲"按钮

图 2-28 大纲浏览模式

第09步 根据需要，将文档中的标题按照相应的等级进行划分，如图 2-29 所示。

第10步 在"新建选项卡"面板中，单击"发送到 Microsoft PowerPoint"按钮，如图 2-30 所示。

图 2-29 设置标题等级

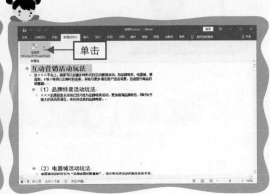

图 2-30 单击"发送到 Microsoft PowerPoint"按钮

专家指点

例如，想做成 PPT 标题的文字设置为 1 级，想做成 PPT 正文的文字设置为 2 级。

2 级下面如果有子层级，要设置为 3 级、4 级。

第11步 执行操作后，自动启动 PowerPoint 并转换为 PPT 格式，只需适当微调即可，最终效果如图 2-31 所示。

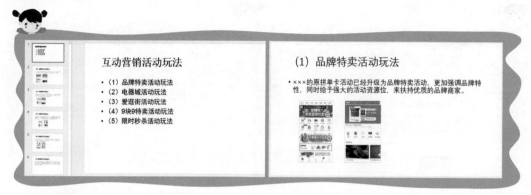

图 2-31　转换为 PPT 文档

专家指点

PPT 中的文字需要足够大、字体要足够清晰、字距和行距要足够宽、文字的颜色要足够突出。在大段文字之间，能删则删，能少则少，将"主干"留下，"枝叶"等辅助性的文字则大胆地删除。

实例 17　替换字体：一次性替换 PPT 中的字体 ▼

设置演示文稿文本的字体是最基本的操作，不同的字体可以展现出不同的文本效果。下面介绍一次性替换 PPT 中相关字体的操作方法。

扫码看视频	素材文件	素材 \ 第 2 章 \ 实例 17.pptx
	效果文件	效果 \ 第 2 章 \ 实例 17.pptx
	视频文件	视频 \ 第 2 章 \【实例 17】替换字体：一次性替换 PPT 中的字体 .mp4

第01步 在 PowerPoint 中，打开一个素材文件，如图 2-32 所示。

第02步 切换至"开始"面板，在"编辑"选项板中单击"替换"右侧的下拉按钮，在弹出的下拉菜单中选择"替换字体"命令，如图 2-33 所示。

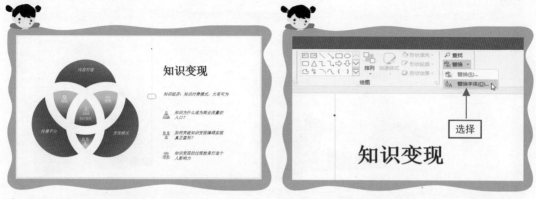

图 2-32　素材文件　　　　　　　　　　　图 2-33　选择"替换字体"命令

第03步 执行操作后，弹出"替换字体"对话框，在"替换"下拉列表框中选择替换前的字体，并在"替换为"下拉列表中选择替换后的字体，如图 2-34 所示。

第04步 单击"替换"按钮，即可一次性替换 PPT 中的相关字体，如图 2-35 所示。

图 2-34　设置替换字体　　　　　　　　　图 2-35　替换 PPT 中的相关字体

实例 18　垂直对齐：利用快捷键快速统一文本框

　　在 PPT 中插入多个文本框后，通常还需要对这些文字进行排版，让 PPT 的整体画面更加美观、整齐。很多用户在进行排版设计时，直接使用参考线进行操作，如图 2-36 所示。

图 2-36　使用参考线辅助文本框排版

　　其实，除了复制粘贴文本框和用参考线进行排版外，还有一种更加高效的操作方法，那就是利用 Ctrl ＋ D 快捷键，下面介绍具体的操作方法。

扫码看视频	素材文件	素材 \ 第 2 章 \ 实例 18.pptx
	效果文件	效果 \ 第 2 章 \ 实例 18.pptx
	视频文件	视频 \ 第 2 章 \【实例 18】垂直对齐：利用快捷键快速统一文本框 .mp4

第01步 在 PowerPoint 中，打开一个素材文件，如图 2-37 所示。

第02步 按住 Ctrl 键的同时，依次单击选中相应的文本框和图形元素，如图 2-38 所示。

图 2-37　素材文件

图 2-38　选中相应的文本框和图形元素

第03步 单击鼠标右键，在弹出的快捷菜单中选择"组合"|"组合"命令，如图 2-39 所示。

第04步 执行操作后，即可组合相应元素，如图 2-40 所示。

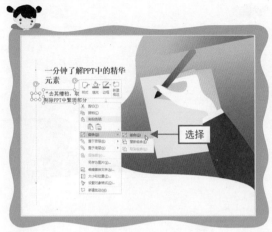

图 2-39 选择"组合"命令

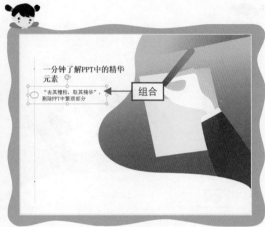

图 2-40 组合相应元素

第05步 按 Ctrl ＋ D 组合键，复制出一组新元素，如图 2-41 所示。

第06步 根据辅助线适当调整新元素的位置，如图 2-42 所示。

图 2-41 复制一组新元素

图 2-42 调整新元素的位置

第07步 连续按两次 Ctrl ＋ D 组合键，快速复制出两组新元素，并自动保存垂直对齐，如

图 2-43 所示。

第08步 根据场景需要替换其中的文字，即可快速完成统一排版，如图 2-44 所示。

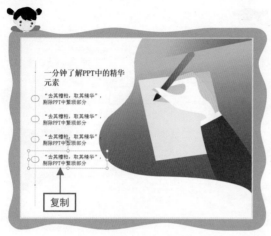

图 2-43　快速复制出两组新元素　　　　　图 2-44　完成统一排版

实例 19　使用插件：快速拆分出文本框中的文字 ▽

当 PPT 中插入大量的文字时，就需要对部分文字进行标注，强调其中的重点信息。如果用户是用一个文本框来输入所有的文字，则其中的文字是不能随意调整位置的，如图 2-45 所示。此时，我们需要对文本框中的文字进行拆分，通常的做法是复制并粘贴文本框，然后再一个个删除其中的文字，这种操作非常费时费力，如图 2-46 所示。

下面介绍一个更为简单的操作方法，需要用到一个 OneKeyTools 插件，具体操作步骤如下。

扫码看视频	素材文件	素材 \ 第 2 章 \ 实例 19.pptx
	效果文件	效果 \ 第 2 章 \ 实例 19.pptx
	视频文件	视频 \ 第 2 章 \【实例 19】使用插件：快速拆分出文本框中的文字 .mp4

图 2-45　用一个文本框来输入文字

图 2-46　通过复制来拆分文字

第01步 在 PowerPoint 中，打开一个素材文件，如图 2-47 所示。

第02步 选择需要拆分的文本框，切换至 OneKey 8 插件面板，在"形状组"选项板中选择"拆合文本"|"按段拆分"命令，如图 2-48 所示。

图 2-47　素材文件

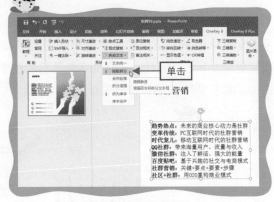

图 2-48　选择"按段拆分"命令

第03步 执行操作后，即可快速复制并按段落将文字拆分到多个文本框，如图 2-49 所示。

第04步 删除原文本框，并适当调整各个文本框的位置，最终效果如图 2-50 所示。

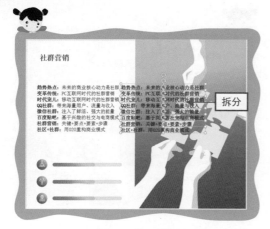

图 2-49　拆分文本框

图 2-50　调整文本框

实例20　长阴影效果：修改文本框参数美化文字

　　PPT 与其他办公软件相比，最突出的特点是需要演示给观众看。PPT 是多媒体演示工具，不是全屏版 Word，人们希望通过 PPT 看到更加精彩的页面，而不仅仅是文字信息的罗列，所以需要对文字进行设计，提高文字的美感和秩序感。精心安排的文字，能增强 PPT 的视觉冲击力，赋予 PPT 美感，帮助观众记忆，如图 2-51 所示。

图 2-51　PPT 文字的设计示例

在设计 PPT 中的文字内容时，用户可以通过视觉组织文本，让重点文字被看到，如给文字添加长阴影效果，如图 2-52 所示。人们总会被不一样的东西吸引，与众不同才能引起观众的注意，通过改变字体的大小、颜色、位置，添加一些装饰，可以轻松地突出文字。

扫码看视频	素材文件	素材 \ 第 2 章 \ 实例 20.pptx
	效果文件	效果 \ 第 2 章 \ 实例 20.pptx
	视频文件	视频 \ 第 2 章 \ 【实例 20】长阴影效果：修改文本框参数美化文字 .mp4

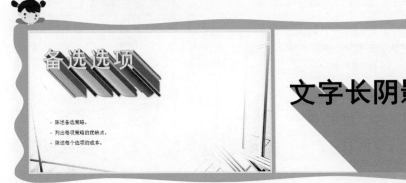

图 2-52　PPT 文字的设计示例

第01步 在 PowerPoint 中，打开一个素材文件，如图 2-53 所示。

第02步 选择相应文本框，并单击鼠标右键，在弹出的快捷菜单中选择"设置形状格式"命令，如图 2-54 所示。

图 2-53　素材文件

图 2-54　选择"设置形状格式"命令

第03步 执行操作后,在右侧打开"设置形状格式"面板,如图 2-55 所示。

第04步 切换至"文本选项"选项卡,如图 2-56 所示。

第05步 单击"文字效果"按钮,展开该选项区,如图 2-57 所示。

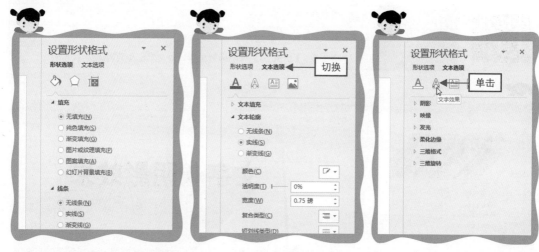

图 2-55 "设置形状格式"面板　　图 2-56 "文本选项"选项卡　　图 2-57 单击"文字效果"按钮

第06步 展开"三维旋转"选项区,在"预设"列表框中选择"倾斜:右下"效果,如图 2-58 所示。

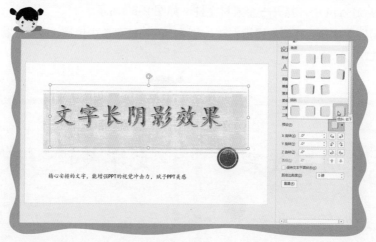

图 2-58 选择"倾斜:右下"效果

第07步 展开"三维格式"选项区，在"深度"列表框中选择相应颜色，如图 2-59 所示。

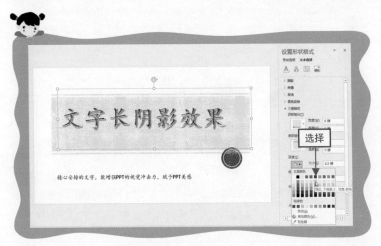

图 2-59 选择相应颜色

第08步 设置"大小"为 300 磅，得到初步的文字长阴影效果，如图 2-60 所示。

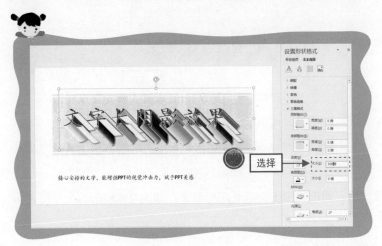

图 2-60 设置"大小"

第09步 在"材料"列表框的"特殊效果"中选择"柔边缘"效果，如图 2-61 所示。

第10步 在"光源"列表框的"冷调"中选择"寒冷"效果，如图 2-62 所示。

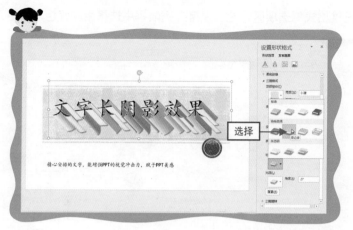

图 2-61　选择"柔边缘"效果

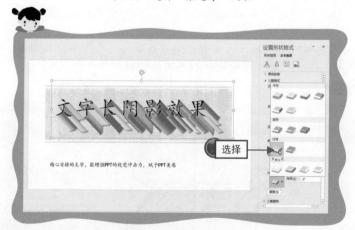

图 2-62　选择"寒冷"效果

第11步 执行操作后，即可制作出文字长阴影效果，如图 2-63 所示。

专家指点

用户可以全屏预览效果，并根据 PPT 文本框中的文字大小和位置，来反复调整"三维格式"中的"深度"参数值，直到效果满意为止。

图 2-63　最终效果

用户可以给 PPT 中的局部文字添加不同的颜色，从而让这些文字变得更加引人注目，如图 2-64 所示。

图 2-64　PPT 局部文字填充颜色的特殊效果

扫码看视频	素材文件	素材 \ 第 2 章 \ 实例 21.pptx
	效果文件	效果 \ 第 2 章 \ 实例 21.pptx
	视频文件	视频 \ 第 2 章 \【实例 21】字体设计：设置局部字体的颜色 .mp4

第*01*步 在 PowerPoint 中，打开一个素材文件，如图 2-65 所示。

第*02*步 在页面的任意位置，插入一个任意大小的形状，如图 2-66 所示。

图 2-65 素材文件

图 2-66 插入形状

第*03*步 将文字内容选中，然后按住 Ctrl 键的同时单击形状，同时选中文字和形状，如图 2-67 所示。

第*04*步 切换至"格式"面板，单击"插入形状"选项板中的"合并形状"按钮，在弹出的下拉菜单中选择"拆分"命令，如图 2-68 所示。

图 2-67 选中文字和形状

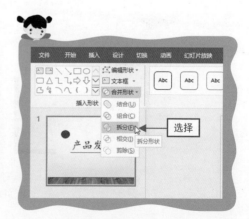

图 2-68 选择"拆分"命令

第*05*步 执行操作后，即可将文本转换成形状，同时删除多余的文字和形状，如图 2-69 所示。

第*06*步 将文字中的多余黑块删掉，如"品"字里就有多出的黑块，将其删除即可，并选择其中的部分文字结构，如图 2-70 所示。

图 2-69 将文本转换成形状

图 2-70 选择部分文字结构

第07步 在"格式"面板的"形状样式"选项板中，单击"形状填充"按钮，在弹出的下拉菜单中选择相应的颜色，如图 2-71 所示。

第08步 执行操作后，即可设置文字局部的颜色，如图 2-72 所示。

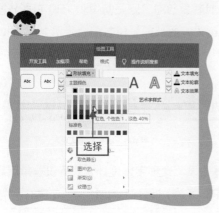

图 2-71 选择相应颜色

图 2-72 设置文字局部的颜色

第09步 用同样的方法，设置其他文字局部的颜色，效果如图 2-73 所示。

第10步 选择文字的部分结构后，还可以调整其大小、位置和角度，效果如图 2-74 所示。

图 2-73　设置其他文字局部的颜色　　　　　图 2-74　调整文字局部的大小

专家指点

对 PPT 中的个别文字加粗并配合字号大小的变化，可以让重点强化效果更明显。

实例 22　模糊处理：针对文字拆分部分进行设计 ▽

在很多海报中都可以看到一些虚实结合的字体效果，这种字体设计方式不仅非常新颖，而且还能够让文字内容更有层次感。下面介绍使用 PPT 将文字拆分部分进行模糊处理的操作方法。

扫码看视频	素材文件	素材＼第 2 章＼实例 22.pptx
	效果文件	效果＼第 2 章＼实例 22.pptx
	视频文件	视频＼第 2 章＼【实例 22】模糊处理：针对文字拆分部分进行设计 .mp4

第01步　在 PowerPoint 中，打开一个素材文件，如图 2-75 所示。

第02步　插入一个任意颜色的矩形，矩形的大小需要覆盖住文本框，如图 2-76 所示。

图 2-75 素材文件

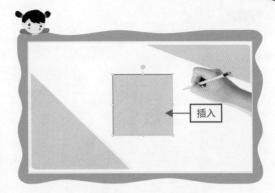

图 2-76 插入任意形状

第03步 将文字内容和矩形形状同时选中，切换至"格式"面板，单击"插入形状"选项板中的"合并形状"按钮，在弹出的下拉菜单中选择"拆分"命令，将文字拆分为笔画形状，如图 2-77 所示。

第04步 将矩形形状移至文字旁边，可以看到拆分后的文字效果，如图 2-78 所示。

图 2-77 将文字拆分为笔画形状

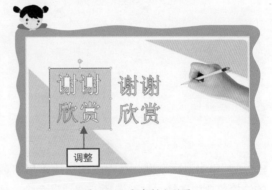

图 2-78 文字拆分效果

第05步 删除矩形形状，同时删除文字中的多余色块，如图 2-79 所示。

第06步 选中拆分后的所有文字，在"格式"面板的"形状样式"选项板中，单击"形状轮廓"按钮，在弹出的下拉菜单中选择"无轮廓"命令，去掉黑色的轮廓线，如图 2-80 所示。

第07步 用鼠标框选需要模糊处理的文字形状，单击鼠标右键，在弹出的快捷菜单中选择"组合"|"组合"命令，如图 2-81 所示。

第08步 执行操作后，即可将单个文字的所有笔画形状组合在一起，如图 2-82 所示。

图 2-79 删除多余色块

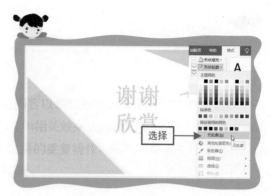

图 2-80 去掉黑色的轮廓线

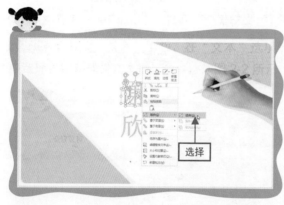

图 2-81 选择"组合"命令

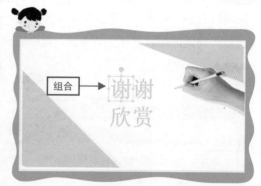

图 2-82 组合单个文字笔画形状

第09步 单击鼠标右键,在弹出的快捷菜单中选择"剪切"命令,再次单击鼠标右键,在弹出的快捷菜单中选择"粘贴选项:图片"命令,如图 2-83 所示。

第10步 执行操作后,即可将文字形状转换为图片。选中该图片,适当调整其位置,在"格式"面板的"调整"选项板中,单击"艺术效果"按钮,在弹出的下拉菜单中选择"虚化"命令,如图 2-84 所示。

第11步 执行操作后,即可将该文字图片进行模糊处理,效果如图 2-85 所示。

第12步 用同样的方法,将其他文字进行模糊处理,并适当调整文字图片的大小,效果如图 2-86 所示。

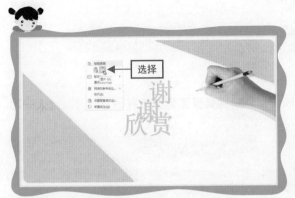

图 2-83 选择"粘贴选项：图片"命令

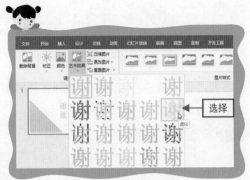

图 2-84 选择"虚化"命令

图 2-85 进行模糊处理

图 2-86 最终效果

专家指点

用户可以给需要强化的文字增加底纹或装饰，通过图形的张力强化视觉冲击力。

实例 23　文本效果：用文本框制作放射线的背景

在广告海报中，经常可以看到各种放射线背景，这种背景画面十分有张力，可以给人一种即将迸发的力量感，如图 2-87 所示。

图 2-87　放射线背景

下面介绍使用 PowerPoint 的"艺术字样式"功能制作放射线背景的操作方法。

扫码看视频	素材文件	素材 \ 第 2 章 \ 实例 23.pptx
	效果文件	效果 \ 第 2 章 \ 实例 23.pptx
	视频文件	视频 \ 第 2 章 \【实例 23】文本效果：用文本框制作放射线背景 .mp4

第01步　在 PowerPoint 中，打开一个素材文件，如图 2-88 所示。

第02步　插入文本框并输入多个黄色（RGB 参数值分别为 255、226、72）的"-"字符，如图 2-89 所示。

第03步　选中文本框，切换至"格式"面板，在"艺术字样式"选项板中单击"文本效果"按钮，在弹出的下拉菜单中选择"转换"|"不规则圆"命令，如图 2-90 所示。

第04步　执行操作后，即可制作"不规则圆"文本框效果，如图 2-91 所示。

图 2-88 素材文件

图 2-89 插入文本字符

图 2-90 选择"不规则圆"命令

图 2-91 制作文本框效果

第05步 将文本框的高度和宽度调整一致，并适当调整其大小，覆盖整个画面，如图 2-92 所示。

第06步 拖动黄色的小圆点，缩小内圆半径，如图 2-93 所示。

第07步 在文本框中添加短线，调整放射线条的密度，如图 2-94 所示。

第08步 将文本框调整到页面中心，并适当放大，如图 2-95 所示。

第09步 将文本框置于底层，如图 2-96 所示。

图 2-92　调整文本框的高度和宽度

图 2-93　缩小内圆半径

图 2-94　调整放射线条的密度

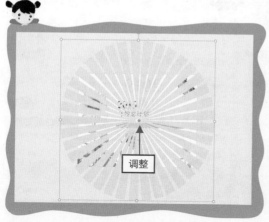

图 2-95　调整文本框的大小和位置

图 2-96　将文本框置于底层

第10步 在"格式"面板的"艺术字样式"选项板中，单击"文本填充"按钮，在弹出的下拉菜单中选择"渐变"|"从左下角"命令，如图 2-97 所示。

第11步 执行操作后，即可为文本框添加渐变效果，如图 2-98 所示。

图 2-97　选择"从左下角"命令

图 2-98　添加渐变效果

实例 24　插入符号：为生字添加拼音标注

很多幼儿园和低年级的语文老师在制作课件时，经常需要给其中的生字做拼音标注，尤其是声调做起来非常麻烦。此时，我们可以利用 PPT 快速给生字添加拼音标注，下面介绍具体的操作方法。

扫码看制作视频	素材文件	素材 \ 第 2 章 \ 实例 24.pptx
	效果文件	效果 \ 第 2 章 \ 实例 24.pptx
	视频文件	视频 \ 第 2 章 \【实例 24】插入符号：为生字添加拼音标注 .mp4

第01步　在 PowerPoint 中，打开一个素材文件，如图 2-99 所示。

第02步　选中要添加声调的拼音，切换至"插入"面板，在"符号"选项板中单击"符号"按钮，如图 2-100 所示。

图 2-99 素材文件

图 2-100 单击"符号"按钮

第03步 执行操作后，弹出"符号"对话框，在"子集"下拉列表框中选择"拉丁语扩充-A"选项，如图 2-101 所示。

第04步 在中间的列表框中选择相应的带声调的拼音字母，如图 2-102 所示。

图 2-101 选择"拉丁语扩充-A"选项

图 2-102 选择拼音字母

第05步 单击"插入"按钮，即可插入相应的拼音字母，如图 2-103 所示。

第06步 使用同样的操作方法，插入其他拼音字母，效果如图 2-104 所示。

插入 →

图 2-103 插入拼音字母

图 2-104 最终效果

实例 25 文字风格：制作抖音"故障风"文字 ▽

抖音的火热，同样带火了它的文字风格，这种令人眼花缭乱的文字被大家称为"故障风"，深得设计师的喜爱，如图 2-105 所示。

图 2-105 抖音"故障风"文字

通常情况下，这些文字效果都是用 Photoshop 软件制作的。其实这种文字风格的制作方法比较简单，在 PPT 中也可以轻松实现，下面介绍具体的制作方法。

扫码看视频	素材文件	素材\第 2 章\实例 25.pptx
	效果文件	效果\第 2 章\实例 25.pptx
	视频文件	视频\第 2 章\【实例 25】文字风格：制作抖音"故障风"文字 .mp4

第01步 在 PowerPoint 中，打开一个素材文件，如图 2-106 所示。

第02步 选择文本框，展开"设置形状格式"面板，依次选择"形状选项"|"效果"|"阴影"|"预设"选项，在弹出的列表框中选择"外部"|"偏移：右下"效果，如图 2-107 所示。

图 2-106　素材文件

图 2-107　选择"偏移：右下"效果

第03步 设置阴影效果的 RGB 参数值为 25、251、239，并设置"透明度"为 2%、"大小"为 100%、"模糊"为 6 磅、"角度"为 50°、"距离"为 3 磅，如图 2-108 所示。

第04步 设置完成后，即可调整文本框中的文字效果，如图 2-109 所示。

第05步 在"设置形状格式"面板中切换至"文本选项"选项卡，单击"文字效果"按钮，展开"阴影"选项区，在"预设"下拉列表框中选择"偏移：左上"效果，如图 2-110 所示。

第06步 设置"文字效果"的阴影颜色 RGB 参数值为 202、50、100，如图 2-111 所示。

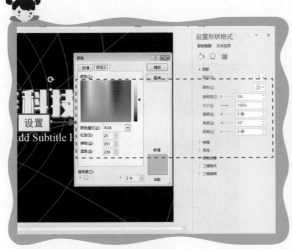

图 2-108　设置颜色的参数值　　　　　　　　图 2-109　预览文字效果

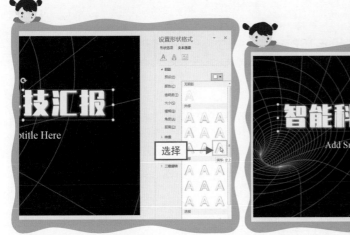

图 2-110　选择"偏移：左上"效果　　　　　　图 2-111　设置颜色参数

第07步 设置"透明度"为5%、"大小"为100%、"模糊"为50磅、"角度"为0°、"距离"为10磅，如图2-112所示。

第08步 设置完成后，即可制作"故障风"文字效果，如图2-113所示。

图 2-112　设置参数值

图 2-113　最终效果

实例 26　撕裂字体：制作震撼"雷劈"文字效果 ▼

"雷劈"效果的字体有一种将文字撕裂的画面感，可以打造出"裂痕字体"的效果。下面介绍使用 PPT 制作这种字体效果的操作方法。

扫码看视频	素材文件	素材 \ 第 2 章 \ 实例 26.pptx
	效果文件	效果 \ 第 2 章 \ 实例 26.pptx
	视频文件	视频 \ 第 2 章 \【实例 26】撕裂字体：制作震撼"雷劈"文字效果 .mp4

第01步 在 PowerPoint 中，打开一个素材文件，如图 2-114 所示。

第02步 切换至"插入"面板，在"插图"选项板中单击"形状"下拉按钮，在弹出的下拉菜单中选择"任意多边形：形状"命令，如图 2-115 所示。

第03步 在文字的任意位置，绘制一个"雷劈"过的形状样式，如图 2-116 所示。

第04步 同时复制文字和形状，并粘贴至空白位置处，如图 2-117 所示。

图 2-114 素材文件

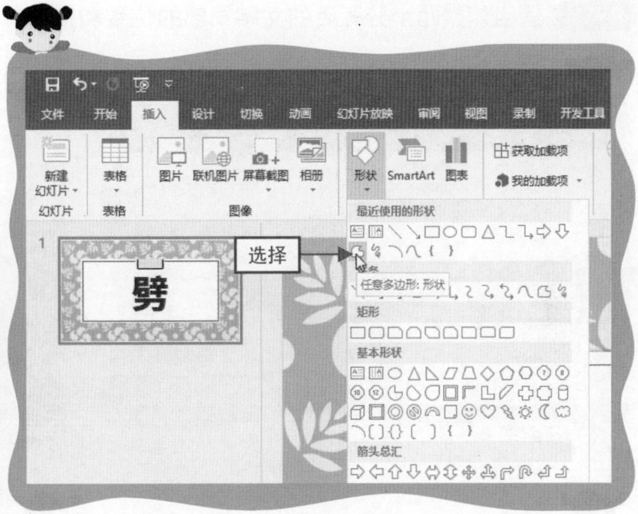

图 2-115 选择"任意多边形：形状"命令

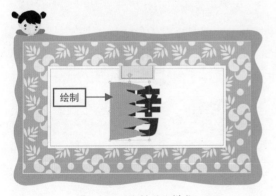

图 2-116 绘制形状样式

图 2-117 复制文字和形状

第05步 先选中文字，再按住 Shift 键选中形状，切换至"格式"面板，单击"插入形状"选项板中的"合并形状"按钮，在弹出的下拉菜单中选择"相交"命令，如图 2-118 所示。

第06步 执行操作后，即可将未被形状遮住的文字部分删除，如图 2-119 所示。

第07步 用同样的方法，先选中复制的文字，再按住 Shift 键选中复制的形状，切换至"格式"面板，单击"插入形状"选项板中的"合并形状"按钮，在弹出的下拉菜单中选择"剪除"命令，即可将把被形状遮住的部分删除，如图 2-120 所示。

第08步 适当调整两个分开后的文字局部的位置和角度，效果如图 2-121 所示。

图 2-118 选择"相交"命令

图 2-119 删除文字局部（1）

图 2-120 删除文字局部（2）

图 2-121 最终效果

实例 27　错位字体：制作文字断裂错位创意效果 ▼

下面介绍利用 PPT 制作文字被分割断裂错位效果的操作方法。

素材文件	素材 \ 第 2 章 \ 实例 27.pptx	
效果文件	效果 \ 第 2 章 \ 实例 27.pptx	
视频文件	视频 \ 第 2 章 \【实例 27】错位字体：制作文字断裂错位创意效果 .mp4	

第01步 在 PowerPoint 中, 打开一个素材文件, 如图 2-122 所示。

第02步 选择文本框, 单击鼠标右键, 在弹出的快捷菜单中选择"剪切"命令, 再次单击鼠标右键, 在弹出的快捷菜单中选择"粘贴选项: 图片"命令, 如图 2-123 所示。

图 2-122 素材文件

图 2-123 选择"粘贴选项: 图片"命令

专家指点

在 PPT 中, 要读懂字体的表情, 则一定要清楚什么字体适合 PPT, 什么字体不适合 PPT, 选择和 PPT 诉求风格不统一的字体, 会给人不够专业的感觉。PPT 的字体要和图片、整体风格统一。同样的文字用不同的字体, 字还是相同的字, 风格却各不相同。这种差异有时明显, 有时细微, 需要体会字体间的微妙区别。

第03步 执行操作后, 即可将文本框转换为图片, 然后适当调整其位置, 如图 2-124 所示。

第04步 在文字上插入一个矩形形状, 并适当调整其角度, 如图 2-125 所示。

图 2-124 将文本框转换为图片

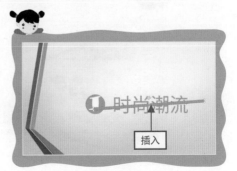

图 2-125 插入矩形形状

第05步 先选中文字，再按住 Shift 键选中形状，切换至"格式"面板，单击"插入形状"选项板中的"合并形状"按钮，在弹出的下拉菜单中选择"拆分"命令，即可将用文字转换的图片按照形状的角度拆分为 3 个部分，如图 2-126 所示。

第06步 适当调整文字各部分的位置，效果如图 2-127 所示。

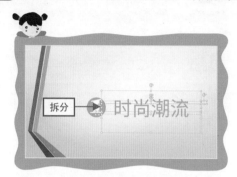

图 2-126　拆分文字元素

图 2-127　调整文字局部的位置

实例28　　镂空字体：在 PPT 中制作文字镂空效果 ▼

文字镂空效果在广告设计中经常可以看到，就像是用小刀将文字挖空，观众能够透过文字看到底下的内容，如图 2-128 所示。

图 2-128　文字镂空效果

下面介绍使用 PPT 制作文字镂空效果的操作方法。

扫码看视频	素材文件	素材\第 2 章\实例 28.pptx、实例 28.jpg
	效果文件	效果\第 2 章\实例 28.pptx
	视频文件	视频\第 2 章\【实例 28】镂空字体：在 PPT 中制作文字镂空效果 .mp4

第01步 在 PowerPoint 中，打开一个素材文件，如图 2-129 所示。

第02步 在文字下方插入一个合适大小的矩形形状，并在"格式"面板中的"主题样式"下拉列表中选择"浅色 1 轮廓，彩色填充 - 橙色，强调颜色 2"选项，如图 2-130 所示。

图 2-129　素材文件　　　　　　　　图 2-130　选择相应选项

第03步 执行操作后，即可调整矩形形状的颜色效果，如图 2-131 所示。

第04步 先选中形状，再按住 Shift 键选中文字，切换至"格式"面板，单击"插入形状"选项板中的"合并形状"按钮，在弹出的下拉菜单中选择"剪除"命令，即可制作出文字镂空效果，如图 2-132 所示。

图 2-131　调整矩形形状的颜色效果　　　　图 2-132　文字镂空效果

实例 29 半镂空字体：用合并形状功能剪除文字

使用 PPT 的合并形状功能，能够合并文字和形状，同时剪除合并部分的文字，制作出半镂空的字体效果，下面介绍具体的操作方法。

扫码看视频	素材文件	素材 \ 第 2 章 \ 实例 29.pptx、实例 29.jpg
	效果文件	效果 \ 第 2 章 \ 实例 29.pptx
	视频文件	视频 \ 第 2 章 \【实例 29】半镂空字体：用合并形状功能剪除文字 .mp4

第01步 在 PowerPoint 中，打开一个素材文件，如图 2-133 所示。

第02步 在文字下方插入一个合适大小的矩形形状，并在"格式"面板中的"主题样式"下拉列表中选择"细微效果 - 蓝色，强调颜色 5"选项，如图 2-134 所示。

图 2-133　素材文件

图 2-134　选择相应选项

第03步 执行操作后，即可调整矩形形状的颜色效果，如图 2-135 所示。

第04步 先选中形状，再按住 Shift 键选中文字，切换至"格式"面板，单击"插入形状"选项板中的"合并形状"按钮，在弹出的下拉菜单中选择"组合"命令，即可制作出半镂空文字效果，如图 2-136 所示。

图 2-135　调整矩形形状的颜色效果　　　　图 2-136　半镂空文字效果

使用"幻灯片背景填充"功能，可以将形状填充为背景，这样被形状覆盖的文字局部就会消失，所以文字看上去就像是穿插在背景中一样。制作文字穿插效果前，注意要将图片填充为背景。

扫码看视频	素材文件	素材 \ 第 2 章 \ 实例 30.pptx、实例 30.jpg
	效果文件	效果 \ 第 2 章 \ 实例 30.pptx
	视频文件	视频 \ 第 2 章 \【实例 30】穿插文字：制作文字穿插过图片的效果 .mp4

第01步 在 PowerPoint 中，打开一个素材文件，如图 2-137 所示。

第02步 在 PPT 的空白背景处单击鼠标右键，在弹出的快捷菜单中选择"设置背景格式"命令，如图 2-138 所示。

第03步 打开"设置背景格式"面板，在"形状选项"选项卡的"填充"选项区中选中"图片或纹理填充"单选按钮，单击"插入"按钮，如图 2-139 所示。

第04步 执行操作后，弹出"插入图片"对话框，单击"从文件"选项右侧的"浏览"按钮，如图2-140
所示。

图 2-137　素材文件

图 2-138　选择"设置背景格式"命令

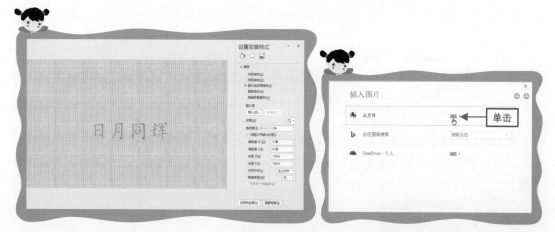

图 2-139　选中"图片或纹理填充"单选按钮　　　　　图 2-140　单击"浏览"按钮

第05步 弹出"插入图片"对话框，选择相应图片，如图 2-141 所示。

第06步 单击"插入"按钮，即可将图片设置为PPT的背景，如图 2-142 所示。

第07步 插入一个任意多边形形状，即在文字上绘制需要隐藏的区域，如图 2-143 所示。

第08步 选择任意多边形形状，单击鼠标右键，在弹出的快捷菜单中选择"设置形状格式"命令，
如图 2-144 所示。

图 2-141 选择相应图片 图 2-142 设置图片为 PPT 的背景

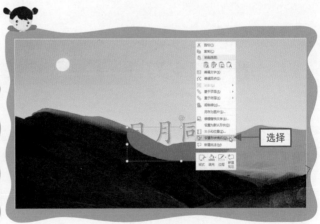

图 2-143 绘制任意多边形形状 图 2-144 选择"设置形状格式"命令

第09步 打开"设置形状格式"面板，在"形状选项"选项卡的"线条"选项区中选中"无线条"单选按钮，同时在"填充"选项区中选中"幻灯片背景填充"单选按钮，如图 2-145 所示。

第10步 执行上述操作后，即可隐藏任意多边形形状所覆盖的文字，同时显示背景图片中的内容，效果如图 2-146 所示。

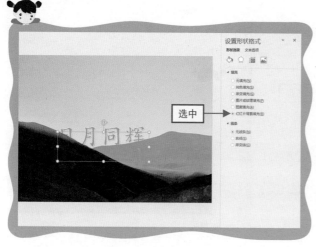

图 2-145 设置形状格式

图 2-146 最终效果

实例31 添加 Logo：批量为每页 PPT 添加 Logo ▼

在制作品牌、企业或结构类的 PPT 演示文稿时，经常需要给每个页面添加 Logo。此时，我们可以通过 PPT 的母版功能，一键给所有页面批量添加 Logo，这样可以避免重复为每个页面单独添加 Logo，操作起来更加省时省力。

扫码看视频	素材文件	素材 \ 第 2 章 \ 实例 31.pptx
	效果文件	效果 \ 第 2 章 \ 实例 31.pptx
	视频文件	视频 \ 第 2 章 \【实例 31】添加 Logo：批量为每页 PPT 添加 Logo.mp4

第01步 在 PowerPoint 中，打开一个素材文件，如图 2-147 所示。

第02步 切换至"视图"面板，在"母版视图"选项板中单击"幻灯片母版"按钮，如图 2-148 所示。

第03步 执行操作后，进入幻灯片母版编辑模式，如图 2-149 所示。

第04步 选中母版的第一个页面，切换至"插入"面板，在"图像"选项板中单击"图片"按钮，如图 2-150 所示。

图 2-147　素材文件

图 2-148　单击"幻灯片母版"按钮

图 2-149　幻灯片母版编辑模式

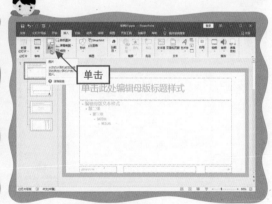

图 2-150　单击"图片"按钮

第05步 弹出"插入图片"对话框，选择相应图片，如图 2-151 所示。

第06步 单击"插入"按钮，即可插入 Logo 图片，并调整至合适的大小和位置，如图 2-152 所示。

第07步 切换至"幻灯片母版"面板，在"关闭"选项板中单击"关闭母版视图"按钮，如图 2-153 所示。

第08步 返回普通演示文稿视图编辑模式，即可看到插入的 Logo 图片，如图 2-154 所示。

图 2-151　选择相应图片

图 2-152　插入 Logo 图片

图 2-153　单击"关闭母版视图"按钮

图 2-154　返回普通演示文稿视图编辑模式

第09步 查看其他页面，可以看到每一页都自动插入了 Logo 图片，如图 2-155 所示。

图 2-155　浏览幻灯片其他页面

实例 32 三维文字：制作三维线条立体文字效果 ▽

如果只是简单地在 PPT 中输入一些文字，难免会让观众觉得乏味。其实，我们可以在设计 PPT 中的文字时多加一些元素，让这些文字看起来更加美观，让 PPT 变得与众不同。

例如，三维线条文字效果就是一种普遍应用在平面海报和 banner 中的字体样式，可以让文字产生一种三维立体的视觉感受，简洁却不简单，很多人都喜欢这种风格。下面介绍在 PPT 中制作更具创意的三维线条文字效果的操作方法。

扫码看视频	素材文件	素材 \ 第 2 章 \ 实例 32.pptx
	效果文件	效果 \ 第 2 章 \ 实例 32.pptx
	视频文件	视频 \ 第 2 章 \【实例 32】三维文字：制作三维线条立体文字效果 .mp4

第01步　在 PowerPoint 中，打开一个素材文件，如图 2-156 所示。

第02步　选择标题文本框，复制并粘贴该文本框，将其调整至下方，如图 2-157 所示。

第03步　在原文本框上单击鼠标右键，在弹出的快捷菜单中选择"设置形状格式"命令，打开"设置形状格式"面板，在"文本选项"选项卡的"文本填充"选项区中选中"图案填充"单选按钮，如图 2-158 所示。

第04步 在"图案"列表框中选择"对角线：深色下对角"图案，如图 2-159 所示。

图 2-156　素材文件

图 2-157　复制文本框

图 2-158　选中"图案填充"单选按钮

图 2-159　选择相应图案

第05步 选择复制的文本框，打开"设置形状格式"面板，在"文本选项"选项卡的"文本填充"选项区中选中"无填充"单选按钮，如图 2-160 所示。

第06步 在"文本选项"选项卡的"文本轮廓"选项区中选中"实线"单选按钮，并设置"颜色"为黑色、"宽度"为 0.1 磅，如图 2-161 所示。

图 2-160　选中"无填充"单选按钮

图 2-161　设置文本选项

第07步 将复制的文本框调整到原文本框偏左上方的位置，如图 2-162 所示。

第08步 执行操作后，即可制作三维线条文字效果，如图 2-163 所示。

图 2-162　调整文本框的位置

图 2-163　最终效果

第3章

配色秘籍:

色彩搭配应用技巧

学习提示

　　无论是制作 PPT 演示文稿,还是做其他平面设计工作,色彩搭配都是非常重要的一步。本章将介绍一些 PPT 色彩搭配的应用技巧,包括配色方法、颜色调整以及风格调色等,帮助大家快速搭配出让人赏心悦目的色彩效果。

本章案例导航

- PPT 配色:切忌杂乱,需要找到主题色
- 主题效果:修改演示文稿中的主题颜色
- 配色方案:强调突出 PPT 中的重点内容
- 渐变颜色:调整同色系色块的 PPT
- 影调调整:在 PPT 中设置亮度和对比度
- 颜色调整:调整图片的颜色浓度和色调

……

实例 33　PPT 配色：切忌杂乱，需要找到主题色 ▽

专业的 PPT 设计师通常都有自己的主题色，甚至大家一看到某个 PPT 作品的配色，就能知道它的作者是谁。笔者通过研究大量 PPT 高手的作品发现一个规律，那就是他们的配色方案其实都比较简洁，大部分采用"主色调＋辅助色"的搭配方法。

主色调通常为暖色调（如黄色）或者冷色调（如蓝色），辅助色则通常为中性色，包括黑色、灰色与白色。如图 3-1 PPT 图表所示，主色调为蓝色，辅助色为灰色。

因此，我们在设计 PPT 时，也可以利用这些高手常用的配色方案，如采用彩色作为

图 3-1　PPT 图表配色示例

主色调，增强 PPT 的识别性，而用中性色作为辅助色，来修饰和衬托主色调，让重要信息得到优先展示，让观众能够一眼看到你要表达的重要内容。

同时，我们在给 PPT 中的元素进行配色时，千万不能选择太杂乱的色彩，这样会影响 PPT 主题的表达，如图 3-2 所示。

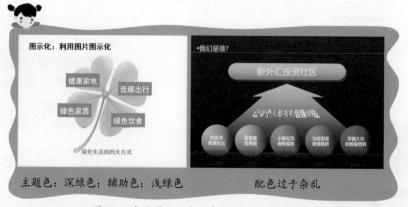

图 3-2　色彩简洁和色彩杂乱的 PPT 效果对比

在选择PPT的主题色时，我们通常会直接根据Logo或者行业主色来选取，如果没有这两方面的元素，则直接选择较为经典的蓝色，如图3-3所示。

图3-3 使用商务蓝作为主题色

辅助色除了比较常用的灰色外，我们也可以选择与主题色同一色系的浅色，这样可以让PPT画面看起来更有层次感，能够丰富画面效果、增强立体感，如图3-4所示。

图3-4 使用与主题色同一色系的浅色作为辅助色

另外，辅助色更有利于文字的表达，有助于不同层次的信息得到更好的展现，如图3-5所示。

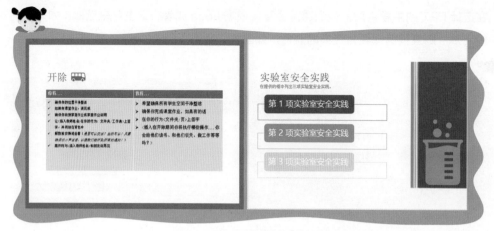

图 3-5　使用辅助色突出重点文字

实例 34　主题效果：修改演示文稿中主题的颜色 ▼

　　在编辑 PPT 文本时，如果用户对系统内置的配色方案不是很满意，此时即可修改 PPT 演示文稿中的主题颜色，对文本的背景颜色和图案进行调整。在 PowerPoint 2016 中，设置相应的主题颜色方案，可以对幻灯片中的标题文字、正文文字、幻灯片背景、强调文字颜色以及超链接颜色等内容进行调整，下面介绍具体的操作方法。

扫码看视频	素材文件	素材 \ 第 3 章 \ 实例 34.pptx
	效果文件	效果 \ 第 3 章 \ 实例 34.pptx
	视频文件	视频 \ 第 3 章 \【实例 34】主题效果：修改演示文稿中主题的颜色 .mp4

第01步 在 PowerPoint 中，打开一个素材文件，如图 3-6 所示。

第02步 切换至"设计"面板，在"主题"下拉列表框中选择"带状"选项，如图 3-7 所示。

第03步 执行操作后，即可修改 PPT 的主题效果，可以看到背景图案和文字颜色都发生了改变，如图 3-8 所示。

第04步 在"设计"面板的"变体"选项板中，选择"颜色"|"蓝色Ⅱ"选项，如图 3-9 所示。

图 3-6 素材文件

图 3-7 选择"带状"选项

图 3-8 修改 PPT 的主题效果

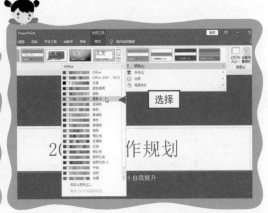

图 3-9 选择"蓝色Ⅱ"选项

第05步 执行操作后，即可修改 PPT 的整体颜色，幻灯片的背景填充颜色、标题文字颜色以及内容文字的颜色都将随之改变，效果如图 3-10 所示。

第06步 如果用户对这些默认的颜色方案不满意，也可以自定义颜色方案，在"颜色"下拉列表框中选择"自定义颜色"选项，弹出"新建主题颜色"对话框，如图 3-11 所示。

第07步 在"主题颜色"列表框中单击某选项右侧的下三角按钮 ▼ ，可打开调色板，如图 3-12 所示。

第08步 在调色板中单击某种颜色，即可更改相应项目的主题颜色，如图 3-13 所示。

第09步 选择"其他颜色"命令，弹出"颜色"对话框，可以设置自定义的颜色，如图 3-14 所示。

图 3-10　修改 PPT 的整体颜色

图 3-11　"新建主题颜色"对话框

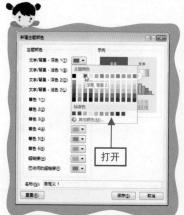

图 3-12　打开调色板

图 3-13　更改相应项目的主题颜色

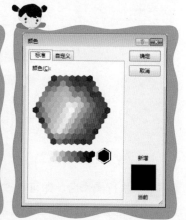

图 3-14　设置自定义的颜色

第10步 对颜色进行设置后，在"名称"文本框中输入当前自定义主题颜色的名称，如图 3-15 所示。

第11步 单击"保存"按钮，幻灯片将应用自定义的主题颜色，同时该颜色将保存在"主题"组的"颜色"列表中，如图 3-16 所示。

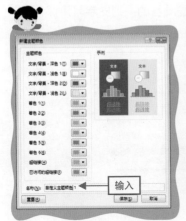

图 3-15 输入自定义主题颜色名称

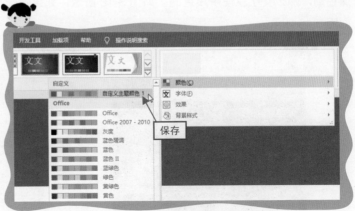

图 3-16 保存自定义主题颜色

实例 35 配色方案：强调突出 PPT 中的重点内容 ▼

在设计 PPT 时，只有正确选择和使用各种配色方案，才能够更好地强调和突出重点内容。常见的配色方案包括下面四种搭配，如图 3-17 所示。

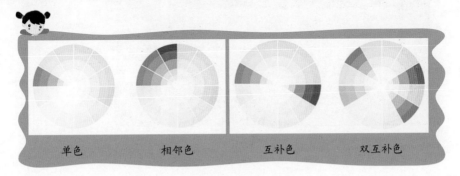

图 3-17 常见的配色方案

通常情况下，我们需要遵循"深浅对比"的原则来突出文字信息。也就是说，如果背景是

深色的，那么文字就使用浅色的，如图 3-18 所示；如果背景是浅色的，则文字就用深色的，如图 3-19 所示。

图 3-18　深底浅字

图 3-19　浅底深字

另外，在设置 PPT 颜色时，注意要优先使用主题色，然后再使用辅助色，使整个作品的颜色风格更好地保持统一。当主题色不够用的时候，再考虑使用配色方案中的其他辅助色。例如，下面这个《商业策划书》PPT 的主题色为橙色渐变色，辅助色为黑色，如图 3-20 所示。

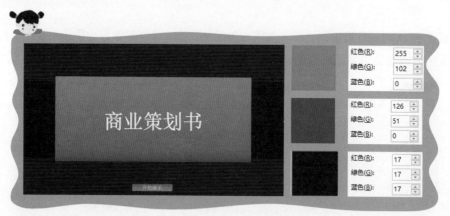

图 3-20　《商业策划书》PPT 示例

当用户知道自己所要用的颜色的 RGB 参数值后，即可在"颜色"对话框中切换至"自定义"选项卡，输入相应的 R、G、B 数值，调出想要的色彩，如图 3-21 所示。

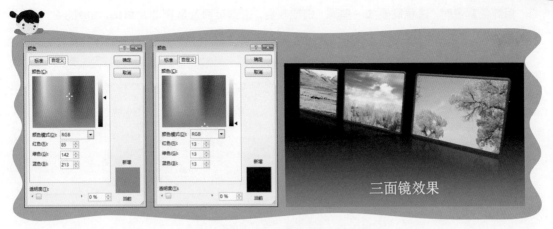

图 3-21　使用黑色到蓝色的渐变色作为背景

实例 36　纯色背景：让 PPT 信息表达更清晰明确　▽

纯色背景是指背景页面中只有一种颜色，看上去可以让观众觉得非常清晰，信息表达更明确，非常适合制作简洁商务风格的 PPT，如图 3-22 所示。

图 3-22　纯色背景的 PPT 示例

用纯色背景时，注意需要加一些黑、白或灰色，否则页面会显得非常单调，如图 3-23 所示。

图 3-23　在纯色背景中增加白色或灰色

专家指点

大家可以记住一个纯色背景的运用公式，那就是"纯色背景 +1 种主色（小面积使用）"，这种色彩方案不仅做起来比较简单，而且还容易获得成就感。纯色背景与主色之间需要对比色，这样能够更好地衬托出主色，可以让 PPT 的主次分明且主题突出。

PPT 中设置纯色背景的方法非常简单，下面介绍具体的操作方法。

扫码看视频	素材文件	素材 \ 第 3 章 \ 无
	效果文件	效果 \ 第 3 章 \ 实例 36.pptx
	视频文件	视频 \ 第 3 章 \【实例 36】纯色背景：让 PPT 信息表达更清晰明确 .mp4

第01步　在 PowerPoint 中，新建一个空白演示文稿，如图 3-24 所示。

第02步　在空白位置处单击鼠标右键，在弹出的快捷菜单中选择"设置背景格式"命令，如图 3-25 所示。

第03步　执行操作后，打开"设置背景格式"面板，在"填充"选项区中选中"纯色填充"单选按钮，并单击"填充颜色"按钮，在打开的调色板中选择相应的颜色，如图 3-26 所示。

第04步　单击"应用到全部"按钮，即可将该背景颜色应用到全部 PPT 文档，如图 3-27 所示。

图 3-24 空白演示文稿

图 3-25 选择"设置背景格式"命令

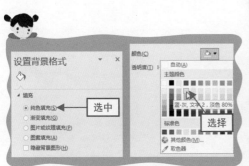

图 3-26 设置纯色背景

图 3-27 应用背景颜色

在选择纯色背景时，用户必须确保文字的颜色或者主体的强调色与背景色之间有足够的对比差异，以保证信息的可读性，如图 3-28 所示。

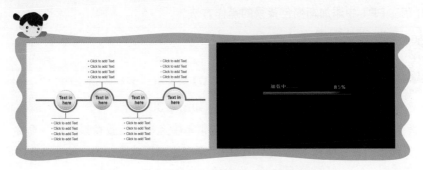

图 3-28 文字的颜色与背景色之间要有对比差异

实例 **37** 渐变颜色：调整同色系色块的 PPT ▽

　　通常情况下，每个 PPT 都有自己的主题，同时围绕该主题可以找到相近的色系，如红色代表热情、奔放、喜悦、庆典；黑色代表严肃、夜晚、稳重；黄色代表高贵、富有；白色代表纯洁、简单；蓝色代表智慧、天空、清爽等。

　　我们可以使用这些不同色系的颜色，让 PPT 传达出某种情绪，给观众留下良好的第一印象，并渲染氛围。同时，我们还可以使用同色系色块的渐变颜色来传递信息，这些色彩看上去非常相似，不仅能够带来很好的视觉体验，而且还可以让信息更有层次感，如图 3-29 所示。

图 3-29　使用渐变色作为背景

　　下面介绍在 PPT 中添加渐变色背景的操作方法。

扫码看视频	素材文件	素材＼第 3 章＼实例 37.pptx
	效果文件	效果＼第 3 章＼实例 37.pptx
	视频文件	视频＼第 3 章＼【实例 37】渐变颜色：调整同色系色块的 PPT.mp4

第01步 在 PowerPoint 中，打开一个素材文件，如图 3-30 所示。

第02步 在背景上单击鼠标右键，在弹出的快捷菜单中选择"设置背景格式"命令，打开"设置背景格式"面板，在"填充"选项区中选中"渐变填充"单选按钮，如图 3-31 所示。

第03步 设置渐变的"类型"为"线性"、"方向"为"线性对角 - 左上到右下"、"角度"为42°，在渐变光圈上自动添加 3 个颜色控制点，如图 3-32 所示。

图 3-30 素材文件　　　图 3-31 选中"渐变填充"单选按钮　　　图 3-32 设置渐变选项

第04步 在"渐变光圈"条上，选中第一个颜色控制点，单击"颜色"按钮，在打开的调色板中选择"其他颜色"命令，如图 3-33 所示。

第05步 弹出"颜色"对话框，在"自定义"选项卡中设置 RGB 参数值分别为 247、137、37，如图 3-34 所示。设置完成后，单击"确定"按钮。

第06步 设置第一个颜色控制点的"亮度"为 28%，如图 3-35 所示。

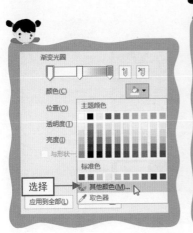
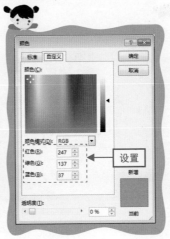

图 3-33 选择"其他颜色"命令　　　图 3-34 设置 RGB 参数值　　　图 3-35 设置颜色控制点的"亮度"

第07步 选中第二个颜色控制点，设置颜色的 RGB 参数值分别为 213、66、9，如图 3-36 所示。

第08步 设置第二个颜色控制点的"位置"为 50%、"亮度"为 30%，如图 3-37 所示。

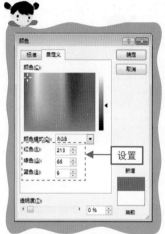

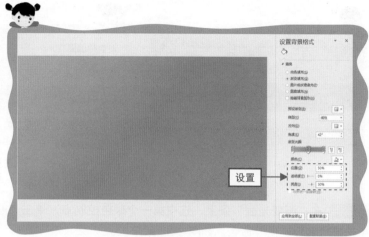

图 3-36　设置 RGB 参数值

图 3-37　设置第二个颜色控制点效果

第09步 选中第三个颜色控制点，设置颜色的 RGB 参数值分别为 141、0、0，如图 3-38 所示。

第10步 设置第三个颜色控制点的"位置"为 100%、"亮度"为 -31%，如图 3-39 所示。

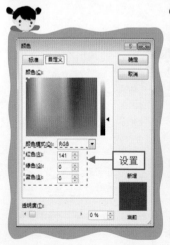

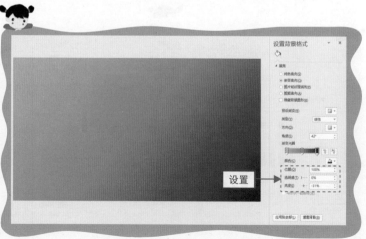

图 3-38　设置 RGB 参数值

图 3-39　设置第三个颜色控制点效果

第11步 设置完成后，单击"应用到全部"按钮，即可将该渐变背景颜色应用到全部 PPT 文档，效果如图 3-40 所示。

用户也可以根据需要，修改渐变参数，制作出不同样式的渐变色背景，如图 3-41 所示，渐变方向为"渐变向右"。

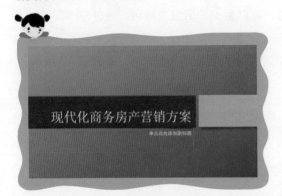

图 3-40 设置渐变色背景效果

图 3-41 调整渐变方向效果

专家指点

在设置渐变色时，主要通过 3 个选项进行调整，分别为渐变类型、渐变方向和渐变光圈。其中，渐变光圈是最重要的选项，包含渐变的颜色、位置、透明度和亮度等参数。同时，用户可以在渐变光圈上删减颜色控制点，以调整渐变的效果。

实例 38　多种色系：多色彩元素 PPT 的搭配

如果需要在 PPT 中的多个元素上应用色彩，可以重复使用某些颜色，通过在不同区域反复出现这种颜色，让观众在视觉上产生熟悉的感觉，这样不至于使人眼花缭乱。例如，下面这个 PPT，反复出现了淡蓝色的图形元素，主要用来展示同层次的信息内容，如图 3-42 所示。

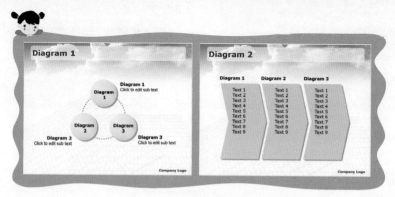

图 3-42　重复使用某些颜色

如果用户想在 PPT 中放置大量内容，也可以使用一个色彩和元素统一的背景，然后将各种不同颜色的元素都放在这个背景上，如图 3-43 所示。

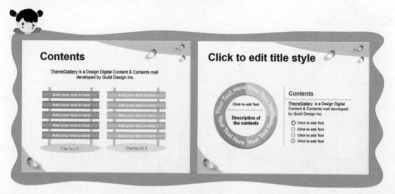

图 3-43　使用色彩和元素统一的背景

另外，用户也可以用一些多彩的形状和阴影元素，制作出活泼时尚的 PPT 效果。例如，下面这个 PPT 模板，就是通过绘制不同的不规则形状，然后搭配不同种类的颜色，实现多彩活泼的效果，如图 3-44 所示。

图 3-44　多彩色块和阴影的创意使用

需要注意的是，用户在选择颜色的时候，一定要分清主次，然后根据主次关系来设置不同颜色的比例和分量。例如，下面这个 PPT 采用绿色和黄色结合的大地色系，其中首页的主题文字背景为绿色，所占的比例较大，突出了主题文字的重要性；而在内页中，则将背景颜色调换过来，用大面积的绿色来重点展现重要的内容，如图 3-45 所示。

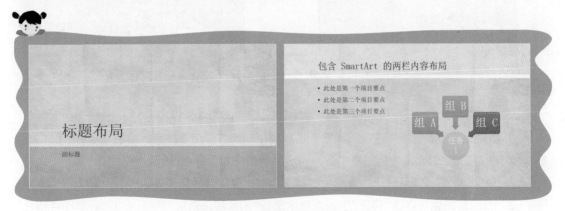

图 3-45　使用多种颜色时要分清主次

在 PPT 中插入图片时，用户可以调整图片的亮度和对比度等参数，让图片更为美观。亮度是指图片的明亮程度，如果图片较暗，则观众会很难看清楚；对比度是指不同颜色之间的对比程度，增加对比度，可以更明显地区分这些颜色，让图片的层次感更清晰。

下面介绍在 PPT 中设置亮度和对比度的操作方法。

扫码看视频	素材文件	素材 \ 第 3 章 \ 实例 39.pptx
	效果文件	效果 \ 第 3 章 \ 实例 39.pptx
	视频文件	视频 \ 第 3 章 \【实例 39】影调调整：在 PPT 中设置亮度和对比度 .mp4

第01步 在 PowerPoint 中，打开一个素材文件，如图 3-46 所示。

第02步 用鼠标左键单击选择想要调节的图片，如图 3-47 所示。

图 3-46 素材文件

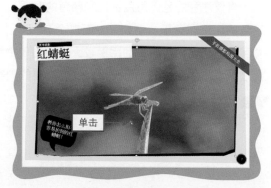

图 3-47 选择图片

第03步 切换至"格式"面板，在"调整"选项板中单击"校正"按钮，如图 3-48 所示。

第04步 在"亮度 / 对比度"列表框中选择相应的参数，如图 3-49 所示。

第05步 执行操作后，即可快速调整图片的亮度和对比度，效果如图 3-50 所示。

第06步 另外，用户也可以在"校正"下拉菜单中选择"图片校正选项"选项，打开"设置图片格式"面板，如图 3-51 所示。

第07步 在"图片校正"选项卡的"亮度 / 对比度"选项区中，用户可以根据自己的需要选择实际的调节数值，如设置"亮度"为 18%、"对比度"为 15%，如图 3-52 所示。

图 3-48　单击"校正"按钮　　图 3-49　选择相应的参数　　图 3-50　调整图片的亮度和对比度

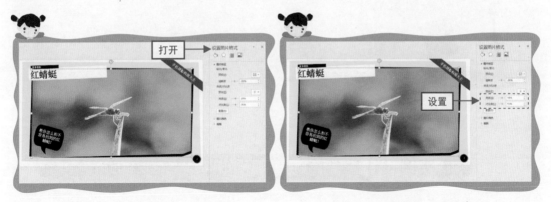

图 3-51　打开"设置图片格式"面板　　　　图 3-52　设置亮度 / 对比度参数

第08步 另外，在"图片校正"选项卡中还可以对图片的锐化 / 柔化效果进行设置，如设置"清晰度"为 2%，如图 3-53 所示。

第09步 设置完成后，关闭"设置图片格式"面板，即可看到图片的亮度和对比度发生了变化，变得更加美观，如图 3-54 所示。

图 3-53　设置"清晰度"参数　　　　　　　　　　图 3-54　最终效果

专家指点

　　PPT 中的图片应当保持一种明亮、积极的画面感，因为昏暗、灰沉的图片会大大降低画面感，并容易使观众对演示内容产生厌烦情绪。

实例40　颜色调整：调整图片的颜色浓度和色调

　　在 PPT 中，饱和度是指图片中每种颜色的鲜艳程度，增加饱和度可以让图片的颜色变得更加鲜艳，从而更好地表达出 PPT 的内容，也可以让观众的视觉感受更为舒适。
　　下面介绍调整图片的颜色浓度和色调的操作方法。

扫码看视频	素材文件	素材 \ 第 3 章 \ 实例 40.pptx
	效果文件	效果 \ 第 3 章 \ 实例 40.pptx
	视频文件	视频 \ 第 3 章 \【实例 40】颜色调整：调整图片的颜色浓度和色调 .mp4

第01步 在 PowerPoint 中，打开一个素材文件，如图 3-55 所示。

第02步 选择需要调整颜色的图片，切换至"格式"面板，在"调整"选项板中，单击"颜色"按钮，如图 3-56 所示。

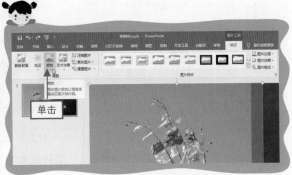

图 3-55 素材文件　　　　　　　　　　　　　　图 3-56 单击"颜色"按钮

第03步 在"颜色饱和度"选项区中，选择"饱和度：200%"选项，如图 3-57 所示。

第04步 执行操作后，即可调整图片的饱和度，效果如图 3-58 所示。

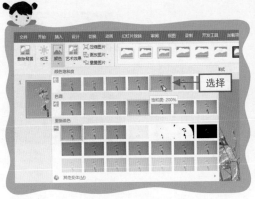

图 3-57 选择"饱和度：200%"选项　　　　　　　图 3-58 调整图片饱和度效果

第05步 在"色调"选项区中，选择"色温：5300K"选项，如图 3-59 所示。

第06步 执行操作后，即可调整图片的色调，效果如图 3-60 所示。

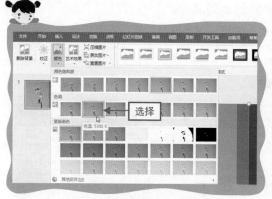

图 3-59 选择 "色温：5300K" 选项

图 3-60 设置色调效果

第07步 在 "颜色" 下拉列表框中选择 "图片颜色选项" 选项，打开 "设置图片格式" 面板，在 "图片颜色" 选项区中设置 "饱和度" 为 260%，如图 3-61 所示。

第08步 执行操作后，即可对图片的饱和度做进一步的调整，效果如图 3-62 所示。

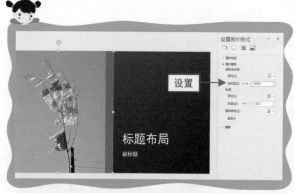

图 3-61 设置 "饱和度" 参数

图 3-62 最终效果

实例41 重新着色：给图片填充自定义颜色效果

用户在处理幻灯片中的图片时，如果觉得图片的颜色不好看，很多人都是使用 Photoshop

来对图片颜色进行调整，操作起来比较复杂。其实，使用 PPT 就可以轻松做到，PPT 中的"重新着色"功能非常强大，可以帮助用户方便快捷地调整图片的颜色。

下面介绍给图片填充自定义颜色效果的操作方法。

素材文件	素材 \ 第 3 章 \ 实例 41.pptx
效果文件	效果 \ 第 3 章 \ 实例 41.pptx
视频文件	视频 \ 第 3 章 \【实例 41】重新着色：给图片填充自定义颜色效果 .mp4

第01步 在 PowerPoint 中，打开一个素材文件，如图 3-63 所示。

第02步 在编辑区中选择需要调整颜色的图片，如图 3-64 所示。

图 3-63　素材文件

图 3-64　选择需要调整颜色的图片

第03步 切换至"格式"面板，在"调整"选项板中，单击"颜色"按钮，在"重新着色"选项区中选择"深青，个性色 1 浅色"选项，如图 3-65 所示。

第04步 执行操作后，即可改变图片的颜色，效果如图 3-66 所示。

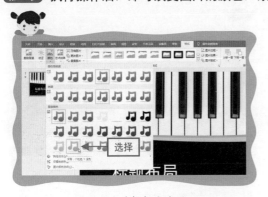

图 3-65　选择相应选项

图 3-66　改变图片的颜色效果

专家指点

　　在 PPT 中，好图胜过千言万语，越是抽象的概念越适合用图片表达。在 PPT 中添加图片，能够让观众更好地理解主题传递的信息，而且视觉效果强烈的图片，更容易打动观众的内心。

实例 42　用取色器：将图片更换成各种色调效果　▽

　　PPT 中有一个非常实用的调色小工具——取色器，其功能与常见的平面软件（如 Photoshop、Illustrator、CorelDRAW 等）的吸管工具类似，能够快速吸取任意图片上的颜色。

　　下面介绍通过取色器工具调整图片色调的操作方法。

扫码看视频	素材文件	素材 \ 第 3 章 \ 实例 42.pptx
	效果文件	效果 \ 第 3 章 \ 实例 42.pptx
	视频文件	视频 \ 第 3 章 \【实例 42】用取色器：将图片更换成各种色调效果 .mp4

第01步　在 PowerPoint 中，打开一个素材文件，如图 3-67 所示。

第02步　在编辑区中选择需要调整颜色的图片，如图 3-68 所示。

图 3-67　素材文件

图 3-68　选择图片

第03步 切换至"格式"面板，在"调整"选项板中，单击"颜色"按钮，选择"其他变体"|"取色器"命令，如图 3-69 所示。

第04步 将取色器工具移至图片上的相应位置，即可显示该处的颜色和 RGB 参数值，如图 3-70 所示。

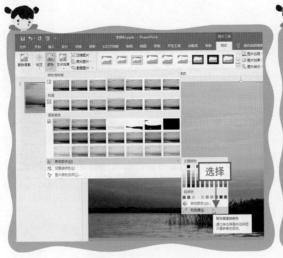

图 3-69 选择"取色器"命令

图 3-70 移动取色器工具

第05步 单击鼠标左键，即可快速获取目标位置的色相，同时改变整个图片的主色调，如图 3-71 所示。

第06步 用户可以多尝试几次，找到最佳的主色调，效果如图 3-72 所示。

图 3-71 快速获取色相

图 3-72 改变图片主色调

上面介绍的是在 PPT 页面内部使用取色器工具取色的操作方法，这样可以快速让整页 PPT 的色调更为统一。另外，用户也可以用取色器工具选取 PPT 界面以外的颜色，只需在选择取色器工具后，一直按住鼠标左键并移至 PPT 软件之外，即可在外部的网站或图片上取色，效果如图 3-73 所示。

图 3-73　从外部图片上取色

实例 43　滤镜色调：使用 PPT 实现 PS 调色效果

很多 PPT 的画面非常唯美，色彩很丰富，具有很好的视觉效果。如果需要实现这样的效果，就得进行后期调色。下面介绍使用 PPT 中的 OneKey 8（全称为 OneKeyTools 8，简写为 OneKey 8）插件打造 Photoshop 中的滤镜色调效果的操作方法。

扫码看视频	素材文件	素材 \ 第 3 章 \ 实例 43.pptx
	效果文件	效果 \ 第 3 章 \ 实例 43.pptx
	视频文件	视频 \ 第 3 章 \【实例 43】滤镜色调：使用 PPT 实现 PS 调色效果 .mp4

第01步　在 PowerPoint 中，打开一个素材文件，如图 3-74 所示。

第02步　在编辑区选择需要调整颜色的图片，如图 3-75 所示。

图 3-74 素材文件

图 3-75 选择图片

专家指点

使用 OneKey 8 插件中的"色调置换"功能，可以轻松地将图片中的同一种颜色更换为另一种颜色。选中两张图片，使用色调置换功能后，会将顶图像素的色调值置换为底图像素的色调值，但不会改变图片的饱和度和亮度。

第03步 切换至"格式"面板，在"调整"选项板中，单击"颜色"按钮，在"重新着色"选项区中选择"金色，个性色4深色"选项，如图 3-76 所示。

第04步 执行操作后，即可改变图片的颜色，效果如图 3-77 所示。

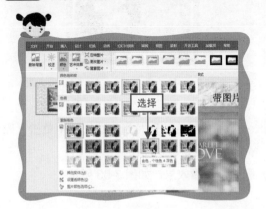

图 3-76 选择相应选项

图 3-77 改变图片的颜色

第05步 在图片上插入一个矩形形状，大小需要能够完全覆盖整个图片，如图 3-78 所示。

第06步 设置矩形形状的"形状填充"为"蓝色，个性色 5，淡色 60%"，如图 3-79 所示。

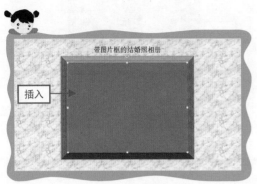

图 3-78　插入矩形形状

图 3-79　设置形状填充色

第07步 执行操作后，即可改变矩形形状的颜色，效果如图 3-80 所示。

第08步 将矩形形状置于底层，如图 3-81 所示。

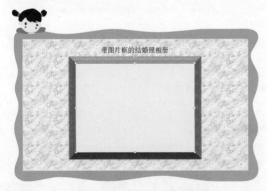

图 3-80　改变矩形形状的颜色

图 3-81　将矩形形状置于底层

第09步 同时选择照片和矩形形状，切换至 OneKey 8 面板，在"图片组"选项板中单击"图片混合"按钮，选择"混合置换"|"色调置换"命令，如图 3-82 所示。

第10步 执行操作后，即可置换色调，选择矩形并删除，查看效果，如图 3-83 所示。

图 3-82 选择"色调置换"命令　　　　　　　　图 3-83 最终效果

实例44　风格调色：将图片调出日系小清新风格 ▼

日系风格的主要特点是柔美的小清新色调，以朴素淡雅的色彩和明亮的色调为主，画面带着满满的生活感，可以给观众带来舒服、低调而又温暖、惬意的感觉。

下面介绍使用 PPT 将图片调出日系小清新风格的操作方法。

扫码看视频	素材文件	素材 \ 第 3 章 \ 实例 44.pptx
	效果文件	效果 \ 第 3 章 \ 实例 44.pptx
	视频文件	视频 \ 第 3 章 \【实例 44】风格调色：将图片调出日系小清新风格 .mp4

第01步 在 PowerPoint 中，打开一个素材文件，如图 3-84 所示。

第02步 在编辑区中选择需要调整颜色的图片，复制原图并置于底层，切换至"格式"面板，在"校正"下拉菜单中选择"图片校正选项"命令，打开"设置图片格式"面板，在"图片校正"选项区中设置"亮度"为 16%、"对比度"为 18%，调整图片的亮度和对比度，效果如图 3-85 所示。

第03步 展开"图片颜色"选项区，设置"色温"为 3000，调整图片的色调，效果如图 3-86 所示。

第04步 切换至"格式"面板，在"艺术效果"下拉菜单中选择"虚化"命令，效果如图 3-87 所示。

图 3-84 素材文件

图 3-85 调整图片的亮度和对比度

图 3-86 调整图片的色调

图 3-87 虚化图片

第05步 在图片上单击鼠标右键，在弹出的快捷菜单中选择"另存为图片"命令，保存处理后的图片效果，如图 3-88 所示。

第06步 在 PPT 中删除处理后的图片，并插入一个与页面大小相同的矩形形状，如图 3-89 所示。

第07步 在图片上单击鼠标右键，在弹出的快捷菜单中选择"设置图片格式"命令，打开相应面板，选中"图片或纹理填充"单选按钮，如图 3-90 所示。

图 3-88 选择"另存为图片"命令

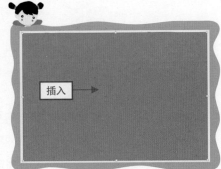

图 3-89 插入矩形形状

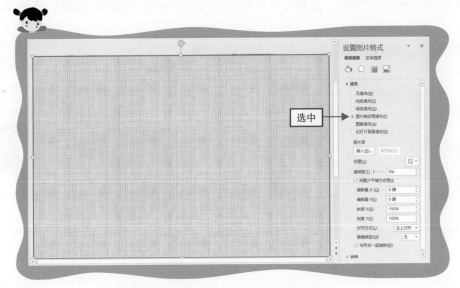

图 3-90 选中"图片或纹理填充"单选按钮

第08步 单击"插入"按钮，插入刚才处理好的图片效果，如图 3-91 所示。

图 3-91　插入处理好的图片

第09步 设置"透明度"为 50%，并将矩形形状的"形状轮廓"设置为"无"，效果如图 3-92 所示。

第10步 关闭"设置图片格式"面板，即可制作出小清新风格色调效果，如图 3-93 所示。

图 3-92　设置"透明度"参数

图 3-93　最终效果

第4章

视觉沟通：

图片编辑处理技巧

学习提示

在PPT中，除了文字，还可以加入具有感染力的图片，提升演说效果和说服力，提升PPT的视觉沟通能力。另外，图片除了表意的作用，还具有审美价值，能美化PPT页面，提升作品的品质。

本章案例导航

- 图片处理：制作用图片填充文字的效果
- 图片样式：为图片添加边框，美化页面
- 形状裁剪：将图片裁剪为各种形状样式
- 抠图处理：使用PPT也能轻松实现抠图
- 艺术加工：实现图片的素描效果
- 背景设计：制作图片渐变蒙版效果

......

演示文稿标题

雪山旅游推荐
不能错过的风景

实例 45   组合图片：将多个对象组合成一张图片 ▽

如果 PPT 中的图片比较多，移动时容易让版面变得混乱，此时用户可以将多个对象组合成一张图片，这样进行移动操作时更为方便快捷，下面介绍具体的操作方法。

扫码看视频	素材文件	素材 \ 第 4 章 \ 实例 45.pptx
	效果文件	效果 \ 第 4 章 \ 实例 45.pptx
	视频文件	视频 \ 第 4 章 \【实例 45】组合图片：将多个对象组合成一张图片 .mp4

第01步 在 PowerPoint 中，打开一个素材文件，如图 4-1 所示。

第02步 在编辑区中选择多个图片对象，如图 4-2 所示。

图 4-1　素材文件

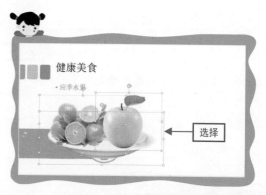

图 4-2　选择多个图片对象

专家指点

　　PNG 图片是一种较新的图像文件格式，一般称为 PNG 图标。从 PPT 应用的角度看，PNG 图标有 3 个特点：一是清晰度高；二是背景一般都是透明的；三是文件较小。PNG 图标天生就属于商务风格，与 PPT 风格较接近，作为 PPT 里的点缀素材，很形象，也很实用。

第03步 按 Ctrl+G 组合键，即可组合选择的多个图片对象，如图 4-3 所示。

第04步 拖曳组合后的图片，将其调整至合适的位置，效果如图 4-4 所示。

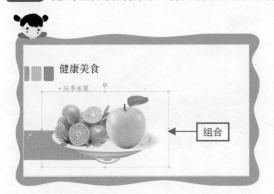

图 4-3 组合为一张图片   图 4-4 移动图片

专家指点

　　PNG 图片在 PPT 中起着点缀和说明的作用。由于现在制作的 PNG 图片越来越炫，所以应注意控制 PPT 中添加的图片数量，以免给观众带来眼花缭乱的感觉。

实例 46 图片处理：制作用图片填充文字的效果 ▽

　　使用图片填充的文字，可以让 PPT 中的文字看上去更具有艺术质感。同时，优美的图片文字效果，可以增加 PPT 的印象分数。

扫码看视频	素材文件	素材 \ 第 4 章 \ 实例 46.pptx、实例 46.jpg
	效果文件	效果 \ 第 4 章 \ 实例 46.pptx
	视频文件	视频 \ 第 4 章 \【实例 46】图片处理：制作用图片填充文字的效果 .mp4

第01步 在 PowerPoint 中，打开一个素材文件，如图 4-5 所示。

第02步 在编辑区中选择文字对象，如图 4-6 所示。

图 4-5　素材文件

图 4-6　选择文字对象

第03步 切换至"格式"面板，在"艺术字样式"选项板中单击"文本填充"按钮，在弹出的下拉菜单中选择"图片"命令，如图 4-7 所示。

第04步 弹出"插入图片"对话框，单击"浏览"按钮，如图 4-8 所示。

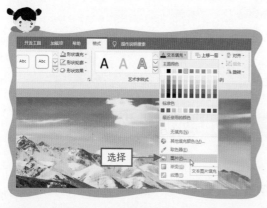

图 4-7　选择"图片"命令

图 4-8　"插入图片"对话框

第05步 弹出"插入图片"对话框，选择要填充的图片，如图 4-9 所示。

第06步 单击"插入"按钮，即可使用该图片填充文本，效果如图 4-10 所示。

图 4-9　选择要填充的图片

图 4-10　图片填充效果

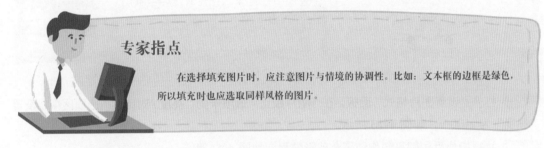

专家指点

在选择填充图片时，应注意图片与情境的协调性。比如：文本框的边框是绿色，所以填充时也应选取同样风格的图片。

实例 47　图片剪影：一键制作各种图片剪影效果

剪影是一种摄影术语，如今在 PPT 中也非常流行。在设计 PPT 中的图片元素时，将图片制作成剪影，可以让 PPT 看上去更加简洁、干净。剪影通常使用插图来制作，去掉了图片中的细节，同时简约的造型也更容易将观众的视线引向 PPT 中的重点文字内容。

扫码看视频	素材文件	素材 \ 第 4 章 \ 实例 47.pptx
	效果文件	效果 \ 第 4 章 \ 实例 47.pptx
	视频文件	视频 \ 第 4 章 \【实例 47】图片剪影：一键制作各种图片剪影效果 .mp4

第01步 在 PowerPoint 中，打开一个素材文件，如图 4-11 所示。

第02步 在编辑区中选择图片对象，切换至"格式"面板，在"调整"选项板的"校正"下拉菜单中选择"图片校正选项"选项，如图 4-12 所示。

图 4-11 素材文件

图 4-12 选择"图片校正选项"命令

第03步 打开"设置图片格式"面板，在"图片校正"选项卡的"亮度/对比度"选项区中，设置"亮度"为 -100%，如图 4-13 所示。

第04步 执行操作后，即可制作纯黑色剪影效果，如图 4-14 所示。

图 4-13 设置"亮度"为 -100%

图 4-14 纯黑色剪影效果

第05步 在"图片校正"选项卡的"亮度 / 对比度"选项区中，设置"亮度"为 100%，即可制作纯白色剪影效果，如图 4-15 所示。

第06步 在"图片校正"选项卡的"亮度 / 对比度"选项区中，设置"对比度"为 -100%，即可制作灰色剪影效果，如图 4-16 所示。

图 4-15　纯白色剪影效果

图 4-16　灰色剪影效果

实例 48　图片样式：为图片添加边框，美化页面 ▼

为 PPT 中的图片添加边框可以突出图片与幻灯片背景的区分，另外还可以对图片进行修饰，让图片显得更加整齐，美化页面版式。

下面介绍在 PPT 中为图片添加边框的操作方法。

扫码看看视频	素材文件	素材 \ 第 4 章 \ 实例 48.pptx
	效果文件	效果 \ 第 4 章 \ 实例 48.pptx
	视频文件	视频 \ 第 4 章 \【实例 48】图片样式：为图片添加边框，美化页面 .mp4

第01步 在 PowerPoint 中，打开一个素材文件，如图 4-17 所示。

第02步 在编辑区中，选择相应图片，如图 4-18 所示。

图 4-17　素材文件

图 4-18　选择相应图片

第03步　切换至"图片工具"中的"格式"面板，单击"图片样式"选项板中的"图片边框"按钮，在弹出的下拉列表的"主题颜色"选项区中，选择"白色，背景 1"选项，如图 4-19 所示。

第04步　执行操作后，即可添加边框颜色，效果如图 4-20 所示。

图 4-19　选择"白色，背景 1"选项

图 4-20　添加边框颜色

第05步　选中图片，单击鼠标右键，打开"设置图片格式"面板，在"线条"选项区中设置"宽度"为 15 磅、"连接类型"为"斜角"，如图 4-21 所示。

第06步　执行操作后，即可调整图片边框的宽度，效果如图 4-22 所示。

图 4-21　设置线条

图 4-22　图片边框效果

实例 49　比例裁剪：用裁剪工具等比例裁剪图片 ▼

添加到 PPT 中的图片，可能有大有小，因此在制作幻灯片时，必须根据页面的实际需要对搜集的图片进行裁剪。例如，由于各种原因的限制，拍摄的画面中有可能会出现一些没有用的元素，这时，可以通过裁剪图片的方法，去掉不必要的内容，让主题更加突出，如图 4-23 所示。

另外，通过裁剪工具，可以改变图片的版式，对画面重新构图。同时，用户还可以通过裁剪图片，放大局部，达到强化视觉冲击力的效果。统一性是 PPT 好不好看、专不专业的重要标准之一，对大小不同的图片进行裁切，能让页面更加整齐、统一。

下面介绍在 PPT 中等比例裁剪图片的操作方法。

扫码看视频	素材文件	素材\第 4 章\实例 49.pptx
	效果文件	效果\第 4 章\实例 49.pptx
	视频文件	视频\第 4 章\【实例 49】比例裁剪：用裁剪工具等比例裁剪图片 .mp4

图 4-23 裁切画面

第01步 在 PowerPoint 中，打开一个素材文件，如图 4-24 所示。

第02步 在编辑区中，选择相应图片，如图 4-25 所示。

图 4-24 素材文件

图 4-25 选择相应图片

专家指点

裁剪图片时需要注意的是，不要把重要内容裁切掉，要区分哪些是必须保留的，哪些是需要果断去除的。

第03步 切换至"图片工具"中的"格式"面板，单击"大小"选项板中的"裁剪"按钮，在弹出的下拉菜单中选择"裁剪"命令，如图 4-26 所示。

第04步 执行操作后，图片周围会显示裁剪控制框，效果如图 4-27 所示。

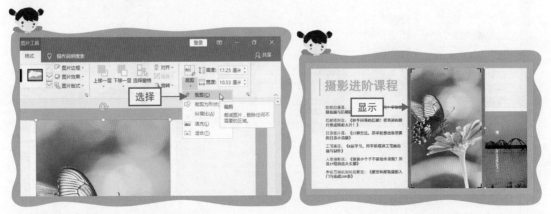

图 4-26 选择"裁剪"命令　　　　　　　　图 4-27 显示裁剪控制框

第05步 将鼠标移至图片左上角的裁剪控件上，按住 Shift 键的同时单击鼠标左键并向右下角拖曳，即可按原图比例裁剪图片，如图 4-28 所示。

第06步 用同样的方法，裁剪图片右下角的多余部分，如图 4-29 所示。

图 4-28 按比例裁剪图片　　　　　　　　图 4-29 裁剪图片

第07步 在空白位置单击鼠标左键，即可确认裁剪，如图 4-30 所示。

第08步 适当调整裁剪后的图片大小，效果如图 4-31 所示。

图 4-30　确认裁剪

图 4-31　调整图片大小

专家指点

在裁剪工具的"纵横比"子菜单中，用户还可以选择各种固定的裁剪比例对图片进行裁剪，如方形（1:1）、纵向（2:3、3:4、3:5、4:5）以及横向（3:2、4:3、5:3、5:4、16:9、16:10）等。

实例50　形状裁剪：将图片裁剪为各种形状样式 ▼

PPT 中的裁剪工具还有一个"裁剪为形状"功能，可以将图片裁剪成不同形状，如矩形、圆形、心形、标注、流程图等任意形状。裁剪工具还可以改变图片的长宽比例，以适应各种画面布局。

下面介绍在 PPT 中将图片裁剪为各种形状的操作方法。

扫码看视频	素材文件	素材\第 4 章\实例 50.pptx
	效果文件	效果\第 4 章\实例 50.pptx
	视频文件	视频\第 4 章\【实例 50】形状裁剪：将图片裁剪为各种形状样式 .mp4

第01步 在 PowerPoint 中，打开一个素材文件，如图 4-32 所示。

第02步 在编辑区中，选择相应图片，如图 4-33 所示。

图 4-32　素材文件

图 4-33　选择相应图片

第03步 切换至"图片工具"中的"格式"面板，单击"大小"选项板中的"裁剪"按钮，在弹出的下拉菜单中选择"纵横比"|"方形（1:1）"命令，如图 4-34 所示。

第04步 执行操作后，即可将图片裁剪为方形尺寸，如图 4-35 所示。

图 4-34　选择"方形（1:1）"命令

图 4-35　将图片裁剪为方形尺寸

第05步 选择图片，在"格式"面板中单击"大小"选项板中的"裁剪"按钮，在弹出的下拉菜单中选择"裁剪为形状"|"基本形状"|"椭圆"命令，如图 4-36 所示。

第06步 执行操作后，即可将图片裁剪为圆形，并适当调整图片的大小和位置，效果如图 4-37 所示。

图 4-36 选择"椭圆"命令

图 4-37 裁剪图片为圆形

实例51 抠图处理：使用 PPT 也能轻松实现抠图 ▼

　　通常情况下，大家在对图片进行抠图处理时，首选的软件肯定是 Photoshop，Photoshop 是一款非常专业的图片处理软件，具有强大的抠图功能。但是，对于一些不会使用 Photoshop 的用户来说，想要对图片进行抠图，就比较困难了。其实，PPT 也有简单的抠图功能，即使用户不会 Photoshop 也没关系，使用 PPT 也能轻轻松松地抠图。

　　下面介绍使用 PPT 抠图的操作方法。

扫码看视频	素材文件	素材 \ 第 4 章 \ 实例 51.pptx
	效果文件	效果 \ 第 4 章 \ 实例 51.pptx
	视频文件	视频 \ 第 4 章 \【实例 51】抠图处理：使用 PPT 也能轻松实现抠图 .mp4

第01步 在 PowerPoint 中，打开一个素材文件，如图 4-38 所示。

第02步 在编辑区中，选择相应图片，如图 4-39 所示。

图 4-38 素材文件

图 4-39 选择相应图片

第03步 切换至"图片工具"中的"格式"面板，单击"调整"选项板中的"颜色"按钮，在弹出的下拉菜单中选择"设置透明色"命令，如图 4-40 所示。

第04步 执行操作后，使用透明色工具单击要删除的图片背景部分，如图 4-41 所示。

图 4-40 选择"设置透明色"命令

图 4-41 单击图片背景

第05步 执行操作后，即可删除白色的背景，如图 4-42 所示。

第06步 适当调整图片的大小和位置，效果如图 4-43 所示。

图 4-42　删除白色的背景

图 4-43　调整图片的大小和位置

实例 52　艺术加工：制作图片影印效果

在 PPT 中，我们可以给图片添加各种艺术效果，来实现对图片的加工、美化处理，从而表达特定的艺术气息。下面介绍制作图片影印效果的操作方法。

扫码看视频	素材文件	素材 \ 第 4 章 \ 实例 52.pptx
	效果文件	效果 \ 第 4 章 \ 实例 52.pptx
	视频文件	视频 \ 第 4 章 \【实例 52】艺术加工：制作图片影印效果 .mp4

第01步 在 PowerPoint 中，打开一个素材文件，如图 4-44 所示。

第02步 在编辑区中，选择相应的图片，如图 4-45 所示。

第03步 切换至"图片工具"中的"格式"面板，单击"调整"选项板中的"艺术效果"按钮，在弹出的下拉菜单中选择"影印"命令，如图 4-46 所示。

第04步 执行操作后，即可为图片添加"影印"艺术效果，如图 4-47 所示。

第05步 在"艺术效果"下拉菜单中选择"艺术效果选项"命令，打开"设置图片格式"面板，在"艺术效果"选项区中设置"透明度"为 60%、"详细信息"为 5，如图 4-48 所示。

第06步 执行操作后，即可调整"影印"特效的显示效果，如图 4-49 所示。

图 4-44　素材文件

图 4-45　选择相应图片

图 4-46　选择"影印"命令

图 4-47　添加"影印"艺术效果

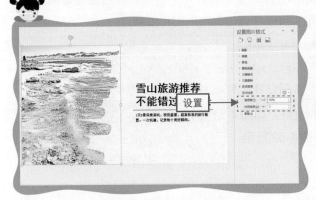

图 4-48　设置艺术效果选项

图 4-49　最终效果

实例 53　　艺术加工：实现图片的素描效果　▼

在设计 PPT 作品时，除了要完整地展现信息外，很多优秀的设计者还在不断地追求视觉的冲击力，而将图片进行艺术化处理就是一种很好的视觉处理手段。大部分人在处理图片效果时，通常都是用 Photoshop 或者美图秀秀等软件，例如美图秀秀中就有很多特效场景，用户可以直接选择相应特效，快速制作出各种图片效果，如图 4-50 所示。

图 4-50　美图秀秀制作的素描效果

其实，PPT 中也内置了很多相同的艺术效果，能够帮助用户快速、简洁地处理图片。下面以图片素描效果的制作为例，介绍如何在 PPT 中做出复杂的图片效果。

扫码看视频	素材文件	素材 \ 第 4 章 \ 实例 53.pptx
	效果文件	效果 \ 第 4 章 \ 实例 53.pptx
	视频文件	视频 \ 第 4 章 \【实例 53】艺术加工：实现图片的素描效果 .mp4

第01步 在 PowerPoint 中，打开一个素材文件，如图 4-51 所示。

第02步 在编辑区中，选择相应图片，如图 4-52 所示。

图 4-51　素材文件

图 4-52　选择相应图片

第03步　切换至"图片工具"中的"格式"面板，单击"调整"选项板中的"艺术效果"按钮，在弹出的下拉菜单中选择"铅笔素描"命令，如图 4-53 所示。

第04步　执行操作后，即可为图片添加"铅笔素描"艺术效果，如图 4-54 所示。

图 4-53　选择"铅笔素描"命令

图 4-54　添加"铅笔素描"艺术效果

第05步　在"艺术效果"下拉菜单中选择"艺术效果选项"命令，打开"设置图片格式"面板，在"艺术效果"选项区中设置"压力"为8，如图 4-55 所示。

第06步　执行操作后，即可调整"铅笔素描"特效的显示效果，并去除图片边框，效果如图 4-56 所示。

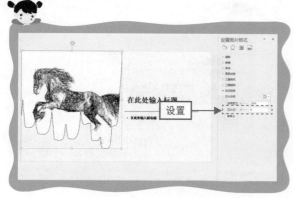

图 4-55　设置艺术效果选项　　　　　　　　图 4-56　最终效果

实例 54　　背景设计：实现背景图片透明效果

在制作 PPT 时，用户可以用背景图片来衬托前景的文字，而且还可以更生动、形象地展现各种信息，如图 4-57 所示。

图 4-57　在 PPT 中使用背景图片

在选择背景图片时，需要注意两个基本事项，首先是图片要与 PPT 的主题相关，而且图片的清晰度要足够高，如图 4-58 所示。

图 4-58 背景图片与 PPT 的主题相关

在满足清晰度和相关性两个基本要求后，用户还可以对背景图片进行加工处理，如制作透明效果、虚化效果或者渐变效果等，从而让 PPT 更具有设计感。用户可以合理运用 PPT 中提供的图片处理功能，将多种功能结合使用并灵活设置参数，制作出效果更丰富的背景图片。

下面介绍制作图片透明效果的操作方法。

扫码看视频	素材文件	素材 \ 第 4 章 \ 实例 54.pptx
	效果文件	效果 \ 第 4 章 \ 实例 54.pptx
	视频文件	视频 \ 第 4 章 \【实例 54】背景设计：实现背景图片透明效果 .mp4

第01步 在 PowerPoint 中，打开一个素材文件，如图 4-59 所示。

第02步 在编辑区中，插入一个合适大小的矩形形状，并将其调整至文字下方，如图 4-60 所示。

图 4-59 素材文件

图 4-60 插入矩形形状

第03步 切换至"图片工具"中的"格式"面板，单击"形状样式"选项板中的"形状填充"按钮，在弹出的下拉菜单中选择"主题颜色"|"黑色，文字 1"命令，如图 4-61 所示。

第04步 单击"形状样式"选项板中的"形状轮廓"按钮，在弹出的下拉菜单中选择"无轮廓"命令，如图 4-62 所示。

图 4-61 设置形状填充

图 4-62 设置形状轮廓

第05步 执行操作后，即可改变矩形形状的填充效果，如图 4-63 所示。

第06步 在矩形形状上单击鼠标右键，在弹出的快捷菜单中选择"设置形状格式"命令，如图 4-64 所示。

图 4-63 填充效果

图 4-64 选择"设置形状格式"命令

第07步 打开"设置形状格式"面板，在"形状选项"选项卡中的"填充"选项区中，设置"透明度"为45%，如图4-65所示。

第08步 执行操作后，即可设置图片的透明效果，如图4-66所示。

图4-65 设置透明度

图4-66 图片透明效果

实例55 背景设计：实现背景图片虚化效果

虚化背景图片效果，有点像在背景图片上遮盖一层薄薄的渐变透明模糊色块，可以让画面产生一种朦胧的美感，可以更好地突出清晰的主题文字。下面介绍制作图片虚化效果的操作方法。

扫码看视频	素材文件	素材 \ 第4章 \ 实例55.pptx
	效果文件	效果 \ 第4章 \ 实例55.pptx
	视频文件	视频 \ 第4章 \【实例55】背景设计：实现背景图片虚化效果.mp4

第01步 在PowerPoint中，打开一个素材文件，如图4-67所示。

第02步 在编辑区中选择并复制图片，底部的图片作为原图保留，上方的图片作为要处理的效果图，如图4-68所示。

图 4-67　素材文件

图 4-68　复制图片

第03步 切换至"图片工具"中的"格式"面板，单击"调整"选项板中的"艺术效果"按钮，在弹出的下拉菜单中选择"虚化"命令，如图 4-69 所示。

第04步 打开"设置图片格式"面板，在"艺术效果"选项区中设置"半径"为 50，如图 4-70 所示。

图 4-69　选择"虚化"命令

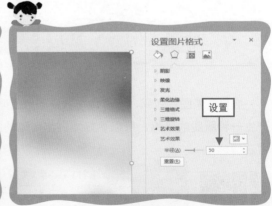

图 4-70　设置半径

第05步 执行操作后，即可将上方的图片虚化处理，效果如图 4-71 所示。

第06步 先暂时将虚化的图片置于底层，选择原图，在上方绘制一个任意多边形形状，如图4-72所示。

图 4-71 图片虚化处理

图 4-72 绘制任意多边形形状

第07步 先选中图片，再按住 Ctrl 键选中任意多边形，如图4-73所示。

第08步 切换至"绘图工具"中的"格式"面板，单击"插入形状"选项板中的"合并形状"按钮，在弹出的下拉菜单中选择"相交"命令，如图4-74所示。

图 4-73 选择相应对象

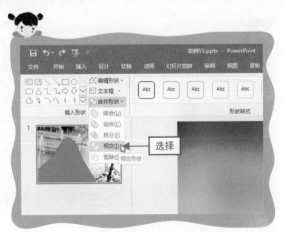

图 4-74 选择"相交"命令

第09步 执行操作后，即可对图片进行裁剪，抠取人物部分，如图 4-75 所示。

第10步 切换至"图片工具"中的"格式"面板，单击"图片样式"选项板中的"图片效果"按钮，在弹出的下拉菜单中选择"柔化边缘"|"25 磅"命令，如图 4-76 所示。

图 4-75 抠取人物部分

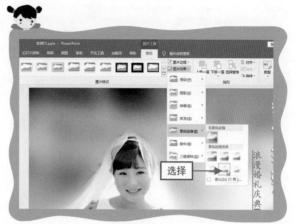

图 4-76 选择"25 磅"命令

第11步 执行操作后，即可柔化人物边缘，效果如图 4-77 所示。

第12步 适当调整文字的位置，效果如图 4-78 所示。

图 4-77 柔化人物边缘

图 4-78 调整文字位置

渐变蒙版是指在背景图片上覆盖一层颜色逐渐过渡的半透明色块，包括单色渐变和多色渐变等多种形式，可以让 PPT 的质感更上一个档次。

下面介绍制作图片渐变蒙版效果的操作方法。

扫码看视频	素材文件	素材 \ 第 4 章 \ 实例 56.pptx
	效果文件	效果 \ 第 4 章 \ 实例 56.pptx
	视频文件	视频 \ 第 4 章 \【实例 56】背景设计：制作图片渐变蒙版效果 .mp4

第01步 在 PowerPoint 中，打开一个素材文件，如图 4-79 所示。

第02步 在编辑区中，插入一个合适大小的矩形形状，并将其调整至文字下方，如图 4-80 所示。

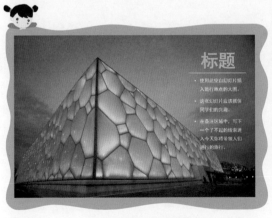

图 4-79　素材文件　　　　　　　　　图 4-80　插入矩形形状

第03步 打开"设置形状格式"面板，在"形状选项"选项卡的"填充"选项区中选中"渐变填充"单选按钮，如图 4-81 所示。

第04步 设置渐变填充的"方向"为"线性向右"，改变渐变方向，并将形状置于顶层，如图 4-82 所示。

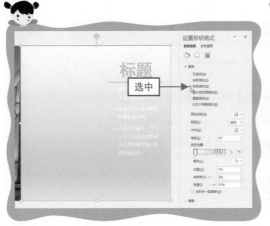

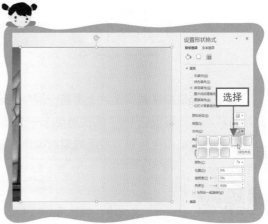

图 4-81 选中"渐变填充"单选按钮　　　　　　　图 4-82 改变渐变方向

第05步 在"渐变光圈"条上，选中第一个颜色控制点，单击"颜色"按钮，在打开的调色板中选择"黑色，文字 1"选项，如图 4-83 所示。

第06步 设置第一个颜色控制点的"位置"为 1%、"透明度"为 100%，如图 4-84 所示。

第07步 选中第二个颜色控制点，填充同样的颜色，并删除其他多余的颜色控制点，如图 4-85 所示。

第08步 设置第二个颜色控制点的"位置"为 61%、"透明度"为 8%，如图 4-86 所示。

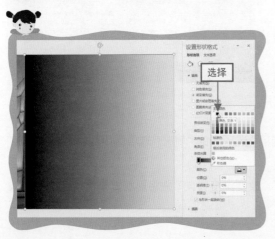

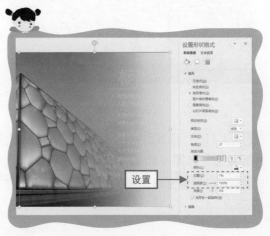

图 4-83 设置颜色　　　　　　　　　　　　　图 4-84 设置颜色控制点

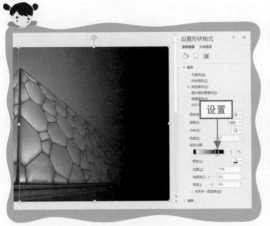

图 4-85 填充第二个颜色控制点

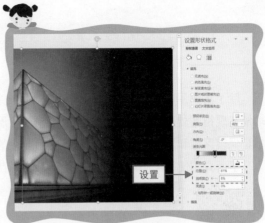

图 4-86 设置第二个颜色控制点

第09步 执行操作后，即可制作出渐变蒙版效果，如图 4-87 所示。

第10步 将渐变矩形形状调整至文字下方，并将"形状轮廓"设置为"无轮廓"，效果如图 4-88 所示。

图 4-87 渐变蒙版效果

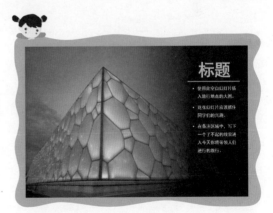

图 4-88 最终效果

除了可以用前面介绍的"透明色"功能进行抠图外，在 PPT 中还可以使用"删除背景"功能实现抠图处理。"透明色"功能通常只能删除纯色背景，而"删除背景"功能则可以通过标记保留区域和删除标记区域，进行更为复杂的抠图处理。

下面介绍使用"删除背景"功能删除图片背景的操作方法。

扫码看视频	素材文件	素材\第 4 章\实例 57.pptx
	效果文件	效果\第 4 章\实例 57.pptx
	视频文件	视频\第 4 章\【实例 57】背景处理：用"删除背景"功能删除背景 .mp4

第01步 在 PowerPoint 中，打开一个素材文件，如图 4-89 所示。

第02步 在编辑区中选择图片，切换至"图片工具"中的"格式"面板，单击"调整"选项板中的"删除背景"按钮，如图 4-90 所示。

图 4-89　素材文件

图 4-90　单击"删除背景"按钮

第03步 执行操作后，自动选中红色的背景区域，如图 4-91 所示。

第04步 适当调整保留区域的大小，如图 4-92 所示。

第05步 在"背景消除"面板的"优化"选项板中单击"标记要保留的区域"按钮，如图4-93所示。

图4-91 选中红色的背景区域　　图4-92 调整保留区域的大小　　图4-93 单击"标记要保留的区域"按钮

第06步 在图片上需要保留的区域拖曳鼠标，画出一条线，如图4-94所示。

第07步 执行操作后，即可保留该区域，如图4-95所示。

第08步 用同样的方法，结合"标记要保留的区域"和"标记要删除的区域"功能，对删除区域进行调整，如图4-96所示。

图4-94 画线　　　　　图4-95 添加保留区域　　　　　图4-96 对删除区域进行调整

第09步 调整完成后，单击"保留更改"按钮，如图4-97所示。

第10步 执行操作后，即可删除图片背景，适当调整图片的大小和位置，效果如图4-98所示。

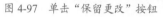

图 4-97　单击"保留更改"按钮

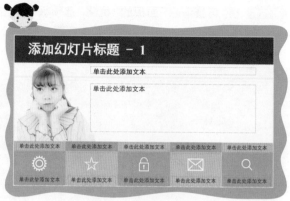

图 4-98　最终效果

实例 58　水印处理：选取颜色填充遮盖图片水印

　　用户在处理图片时，如果图片上面有水印，则需要先把水印去掉，然后再添加到 PPT 中。通常情况下，我们都是使用 Photoshop 等软件来去除图片上的水印，但如果仅仅为了去除一个图片水印而下载、安装和学习 Photoshop，则显得有些小题大做。

　　下面介绍在 PPT 中去除图片水印的简单操作方法。

	素材文件	素材 \ 第 4 章 \ 实例 58.pptx
	效果文件	效果 \ 第 4 章 \ 实例 58.pptx
	视频文件	视频 \ 第 4 章 \【实例 58】水印处理：选取颜色填充遮盖图片水印 .mp4

第01步 在 PowerPoint 中，打开一个素材文件，如图 4-99 所示。

第02步 在编辑区中的水印上方，插入一个合适大小的矩形形状，如图 4-100 所示。

第03步 切换至"格式"面板，在"形状样式"选项板中单击"形状填充"按钮，在弹出的下拉菜单中选择"取色器"命令，在矩形形状下方单击取色，如图 4-101 所示。

第04步 执行操作后，即可让色块融入背景中，并去除矩形形状的轮廓，效果如图 4-102 所示。

图 4-99　素材文件

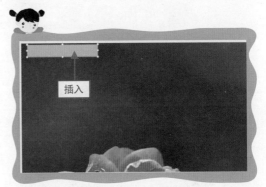

图 4-100　插入矩形形状

图 4-101　取色

图 4-102　遮盖水印

专家指点

注意，该方法仅适合处理水印位于纯色区域的图片。如果背景不是纯色区域，则可以使用 Inpaint、美图秀秀等辅助工具，去掉图片的水印，效果更佳。

很多职场人士都使用普通的方法在 PPT 演示文稿中插入文本和图片并进行排版。下面介绍一种方法，可以帮助大家一次性将图片转换为 PPT 演示文稿。

扫码看视频	素材文件	素材 \ 第 4 章 \ 实例 59 (1).jpg、实例 59 (2).jpg、实例 59 (3).jpg、实例 59 (4).jpg
	效果文件	效果 \ 第 4 章 \ 实例 59.pptx
	视频文件	视频 \ 第 4 章 \【实例 59】批量转换：一次性将图片转换为幻灯片 .mp4

第01步 在 PowerPoint 中，切换至"插入"面板，在"图像"选项板中单击"相册"按钮，在弹出的下拉菜单中选择"新建相册"命令，如图 4-103 所示。

第02步 弹出"相册"对话框，在"相册内容"选项区中单击"插入图片来自"下方的"文件 / 磁盘"按钮，如图 4-104 所示。

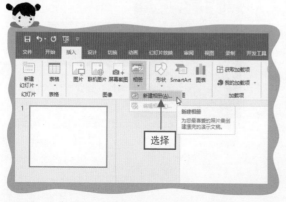

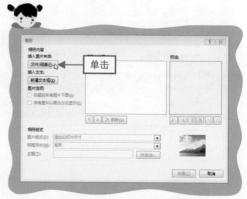

图 4-103　选择"新建相册"命令　　　　图 4-104　单击"文件 / 磁盘"按钮

第03步 弹出"插入新图片"对话框，选择相应图片，如图 4-105 所示。

第04步 单击"插入"按钮，即可将选择的图片插入"相册中的图片"列表框中，在此可以选择需要插入相册的图片，同时还可以调整图片的排列顺序，如图 4-106 所示。

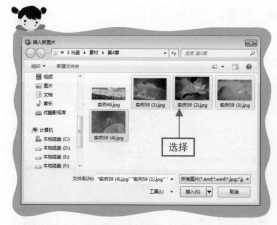

图 4-105　选择相应图片

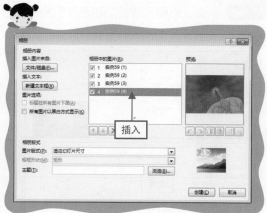

图 4-106　插入图片

第05步 在"相册版式"选项区中，设置"图片版式"为"4 张图片"、"相框形状"为"简单框架，白色"，如图 4-107 所示。

第06步 单击"创建"按钮，即可创建相册，效果如图 4-108 所示。

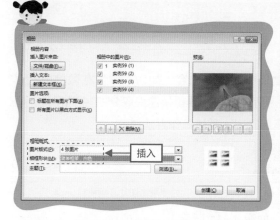

图 4-107　设置相册版式

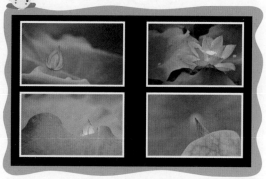

图 4-108　创建相册

第07步 切换至"插入"面板，在"图像"选项板中单击"相册"按钮，在弹出的下拉菜单中选择"编辑相册"命令，弹出"编辑相册"对话框，设置"相框形状"为"圆角矩形"，如图 4-109 所示。

第08步 单击"更新"按钮，即可改变相框的形状，效果如图 4-110 所示。

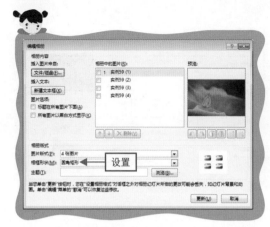

图 4-109　编辑相册

图 4-110　改变相框的形状

实例 60　提取文件：一次性提取出图片音频视频

　　在日常工作中，我们经常需要导出 PPT 文档中的一些内容，如为了方便在微信中共享 PPT 中的图片，或者需要用到 PPT 中的音频资源等。其实，要想快速提取 PPT 中的图片、音频、视频及媒体文件，可以通过修改后缀并解压后得到，具体操作方法如下。

扫码看视频	素材文件	素材 \ 第 4 章 \ 实例 60.pptx
	效果文件	效果 \ 第 4 章 \ 实例 60.pptx
	视频文件	视频 \ 第 4 章 \【实例 60】提取文件：一次性提取出图片音频视频 .mp4

第01步 在 PowerPoint 中，打开一个素材文件，如图 4-111 所示。

第02步 保存该 PPT 文件，打开保存位置，可以看到该文件的后缀名为 .pptx，如图 4-112 所示。

第03步 选择该文件，单击鼠标右键，在弹出的快捷菜单中选择"重命名"命令，修改文件后缀为 .rar（也可以是其他压缩文件的后缀，如 zip），如图 4-113 所示。

第04步 修改后缀名后，系统会弹出"重命名"对话框，提示是否修改文件扩展名，单击"是"按钮即可，如图 4-114 所示。

图 4-111 素材文件

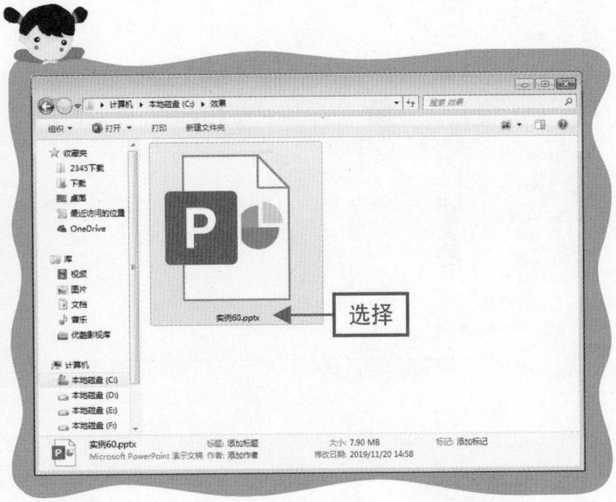

图 4-112 打开 PPT 保存位置

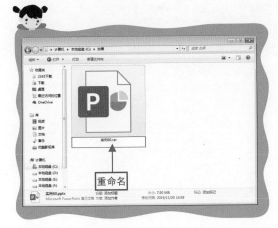

图 4-113 修改文件后缀

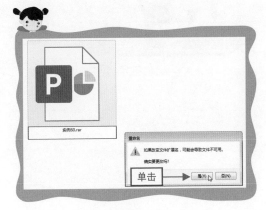

图 4-114 单击"是"按钮

第05步 执行操作后，即可将文件转换为压缩文件，如图 4-115 所示。

第06步 将该压缩文件进行解压操作，解压后打开解压文件，打开 ppt\media 文件夹，即可看到 PPT 中的图片、音频等文件都以独立文件的形式导出，如图 4-116 所示。

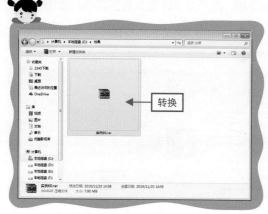

图 4-115　将文件转换为压缩文件

图 4-116　解压文件

专家指点

　　显示文件后缀名的方法：在保存文件的文件夹中，选择"组织"|"文件夹和搜索选项"命令，或者选择"工具"|"文件夹选项"命令，弹出"文件夹选项"对话框，切换至"查看"选项卡，在"高级设置"下拉列表中取消选中"隐藏已知文件类型的扩展名"复选框即可。

第5章

修饰美化：

图形图表处理技巧

学习提示

　　PPT 中包含了丰富的图形图表效果，如流程图、循环图、层次结构图、矩阵图、柱形图、饼图、面积图、树状图、直方图等，每种图形图表都有特定的展示逻辑和演示场合，能够帮助演示者更好地表达各种信息。

本章案例导航

- 绘制形状：快速复制并对齐各形状对象
- 形状调整：组合对象后再缩放避免错乱
- 编辑顶点：调整形状样式制作特殊形状
- 合并形状：5 种方式制作新的形状效果
- 图表美化：快速清除系统中的默认样式
- SmartArt：将文字一键变成组织结构图
- ……

实例 61　绘制形状：快速复制并对齐各形状对象　▼

在 PowerPoint 中，通常会进行很多的重复操作。在执行一个操作后，只要按下 Ctrl ＋ D 组合键即可重复这个操作。例如，首先绘制一个圆形形状，接下来只要多次按 Ctrl ＋ D 组合键，就可以重复插入多个圆形形状，如图 5-1 所示。

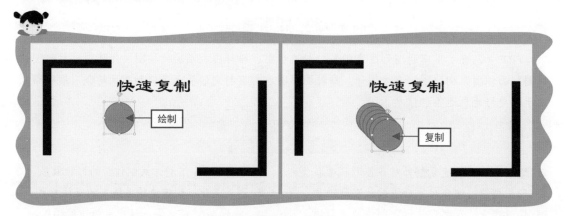

图 5-1　快速复制图形

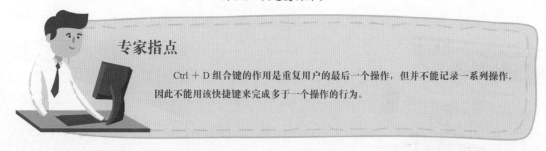

专家指点

Ctrl ＋ D 组合键的作用是重复用户的最后一个操作，但并不能记录一系列操作，因此不能用该快捷键来完成多于一个操作的行为。

另外，用户还可以使用 F4 键迅速统一 PPT 中的文字格式。例如，在下面这个 PPT 文档中，需要将每个段落的文字行距都设置成 2.0 倍行距，通过手动设置第一个段落的行距，然后只需选择要调整格式的段落，并按下 F4 键即可将行距调整为 2.0 倍，如图 5-2 所示。

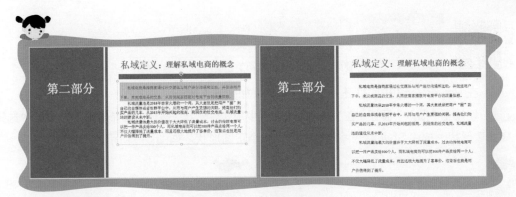

图 5-2　快速统一文字格式

专家指点

　　除了统一设置文字的段落格式外，用户还可以通过 F4 键快速统一设置文字的加粗、倾斜、下划线、文字阴影以及字体颜色等格式，如图 5-3 所示。

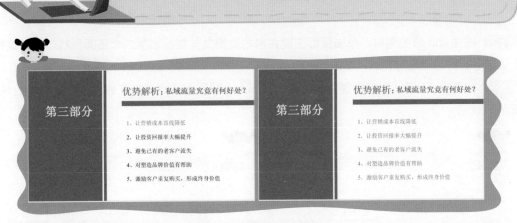

图 5-3　快速统一文字颜色

下面介绍通过 F4 键快速复制并对齐各形状的操作方法。

扫回码看视频	素材文件	素材 \ 第 5 章 \ 实例 61.pptx
	效果文件	效果 \ 第 5 章 \ 实例 61.pptx
	视频文件	视频 \ 第 5 章 \【实例 61】绘制形状：快速复制并对齐各形状对象 .mp4

第01步 在 PowerPoint 中，打开一个素材文件，如图 5-4 所示。

第02步 切换至"插入"面板，在"插图"选项板中单击"形状"按钮，在弹出的下拉菜单中选择"椭圆"形状，按住 Shift 键在编辑区中插入一个正圆形状，如图 5-5 所示。

图 5-4　素材文件　　　　　　　　　　　　图 5-5　插入正圆形状

第03步 按住 Ctrl 键的同时，单击鼠标左键并向右侧拖曳，复制出第二个正圆形状，同时这两个正圆形状的底端是对齐的，如图 5-6 所示。

第04步 按两次 F4 键，即可快速复制出两个同等大小和间距且底端对齐的正圆形状，如图 5-7 所示。

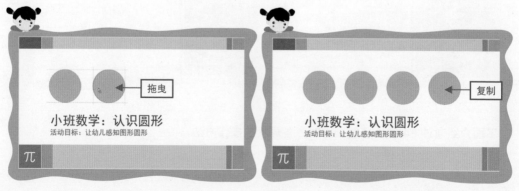

图 5-6　复制出第二个正圆形状　　　　　　图 5-7　复制多个正圆形状

实例 62 　形状设置：将形状内文字取消自动换行 ▼

在 PPT 的形状中直接输入文字时，明明离形状的边缘还有很大距离，但文字仍然会进行自动换行处理，如图 5-8 所示。

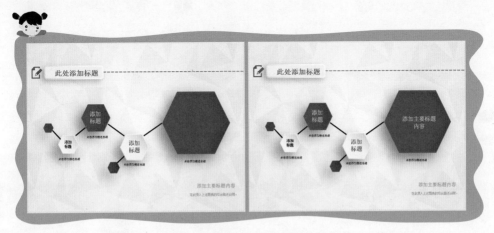

图 5-8　形状中的文字自动换行显示

对于这种情况，我们通常的做法都是在形状上方再添加一个文本框来输入文字，但这样操作比较烦琐。下面介绍直接取消形状内文字自动换行的操作方法。

扫码看视频	素材文件	素材＼第 5 章＼实例 62.pptx
	效果文件	效果＼第 5 章＼实例 62.pptx
	视频文件	视频＼第 5 章＼【实例 62】形状设置：将形状内文字取消自动换行 .mp4

第01步 在 PowerPoint 中，打开一个素材文件，如图 5-9 所示。

第02步 在编辑区中选择需要设置的多边形形状，单击鼠标右键，在弹出的快捷菜单中选择"设置形状格式"命令，如图 5-10 所示。

第03步 打开"设置形状格式"面板，在"形状选项 - 大小与属性"选项卡的"文本框"选项区中，取消选中"形状中的文字自动换行"复选框，如图 5-11 所示。

第04步 执行操作后，形状内的文字不再自动换行，效果如图 5-12 所示。

图 5-9　素材文件

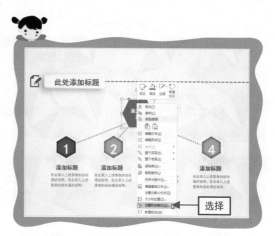

图 5-10　选择"设置形状格式"命令

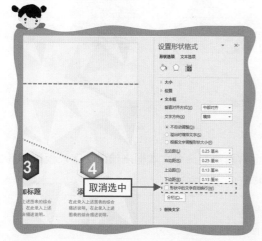

图 5-11　取消选中相应复选框

图 5-12　设置不自动换行效果

实例63　形状调整：组合对象后再缩放避免错乱

当我们在 PPT 中同时选中并调整多个形状的大小时，如果直接缩放，会出现形状格式和排版错乱的现象，如图 5-13 所示。

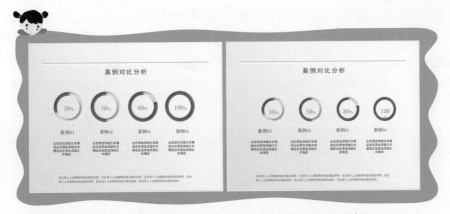

图 5-13　直接选择并缩放多个图形时会出现格式错乱的情况

为了避免出现这个问题，用户可以先将要调整大小的图形对象全部组合在一起，再进行缩放处理，下面介绍具体的操作方法。

扫码看视频	素材文件	素材 \ 第 5 章 \ 实例 63.pptx
	效果文件	效果 \ 第 5 章 \ 实例 63.pptx
	视频文件	视频 \ 第 5 章 \【实例 63】形状调整：组合对象后再缩放避免错乱 .mp4

第01步 在 PowerPoint 中，打开一个素材文件，如图 5-14 所示。

第02步 在编辑区中选择需要调整大小的多个形状，单击鼠标右键，在弹出的快捷菜单中选择"组合"|"组合"命令，如图 5-15 所示。

图 5-14　素材文件

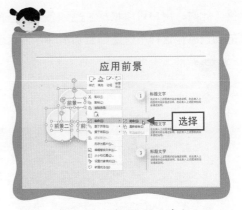

图 5-15　选择"组合"命令

第03步 执行操作后，即可组合多个图形对象，如图 5-16 所示。

第04步 调整组合后的图形大小，不会再出现格式和排版混乱的现象，效果如图 5-17 所示。

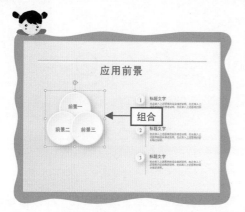

图 5-16　组合多个图形对象

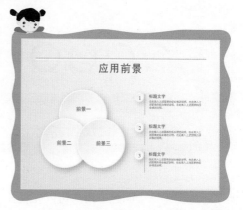

图 5-17　调整图形大小

实例 64　插入符号：用文本图标库插入特殊形状 ▼

　　很多 PPT 的内容和逻辑都正确，但给人的感觉却非常单调，难以调动观众浏览的兴趣。例如，如图 5-18 所示这个 PPT 页面，主题和内容结构都非常清晰，但看上去却很普通，毫无设计感。此时，用户可以根据主题和各个标签的内容，为其添加一些形象化的图标，增强整个页面的场景感，这样不仅逻辑更加清晰，而且观点也更加简洁、明了，如图 5-19 所示。

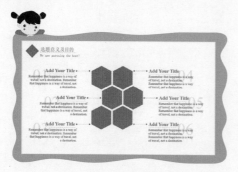

图 5-18　无图标的 PPT 示例

图 5-19　有图标的 PPT 示例

在 PPT 设计中，图标是一种常用的视觉元素，能够丰富画面，增强页面的视觉效果，让 PPT 更加形象化。通常，大家都会去一些专业图标网站搜索和下载需要的图标，如 Iconfont（阿里巴巴矢量图标库）和 Easyicon 等。除了从网上下载图标外，我们还可以使用 PPT 自带的文本图标库，来插入一些特殊符号形状，下面介绍具体的操作方法。

扫码看视频	素材文件	素材\第 5 章\实例 64.pptx
	效果文件	效果\第 5 章\实例 64.pptx
	视频文件	视频\第 5 章\【实例 64】插入符号：用文本图标库插入特殊形状 .mp4

第01步 在 PowerPoint 中，打开一个素材文件，如图 5-20 所示。

第02步 在编辑区中插入一个文本框，如图 5-21 所示。

图 5-20 素材文件　　　　　　　图 5-21 插入文本框

第03步 选择文本框并单击鼠标右键，在弹出的快捷菜单中选择"编辑文字"命令，如图 5-22 所示。

第04步 进入文字编辑状态，在"符号"选项板中单击"符号"按钮，如图 5-23 所示。

第05步 弹出"符号"对话框，在"字体"下拉列表中选择 Webdings 选项，如图 5-24 所示。

第06步 在符号列表框中选择相应的符号，如图 5-25 所示。

第07步 单击"插入"按钮，即可在文本框中插入相应符号，如图 5-26 所示。

第08步 在"开始"面板中，设置"字号"为 150、"字体颜色"为深蓝色（RGB 参数值分别为 0、115、169），并加粗处理，效果如图 5-27 所示。

图 5-22 选择"编辑文字"命令

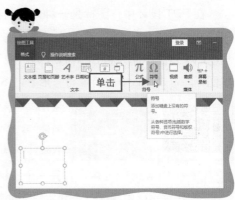

图 5-23 单击"符号"按钮

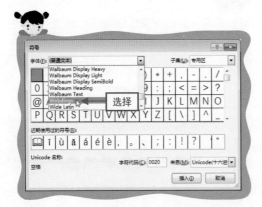

图 5-24 选择 Webdings 选项

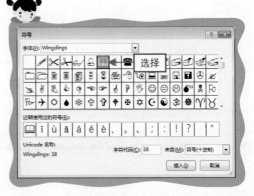

图 5-25 选择相应的符号

图 5-26 插入相应符号

图 5-27 设置符号效果

实例 65　编辑顶点：调整形状样式制作特殊形状 ⊙

在设计 PPT 时，有很多设置形状格式的方法，但对于"编辑形状顶点"的操作，可能很多人都不太熟悉。通过编辑形状顶点，我们可以根据自己的想法或者需要任意调整形状，使其变成一个全新的形状样式，该操作在设计图形时常常会用到。编辑形状的常用操作如下。

（1）编辑顶点：选中形状，单击鼠标右键，在弹出的快捷菜单中选择"编辑顶点"命令，如图 5-28 所示。

（2）圆滑曲线：在编辑顶点状态，选择任意顶点，拖曳调整两侧的控制柄，可以实现圆滑曲线的操作，如图 5-29 所示。

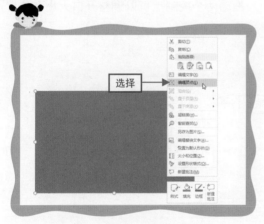

图 5-28　选择"编辑顶点"命令　　　　图 5-29　圆滑曲线

（3）添加顶点：将鼠标指针置于形状边沿，当指针呈"十字"形时，单击鼠标右键，在弹出的快捷菜单中选择"添加顶点"命令，即可在该处添加新的顶点，如图 5-30 所示。

专家指点

将鼠标指针置于相应的顶点上，单击鼠标右键，在弹出的快捷菜单中选择"删除顶点"命令，即可删除该顶点。

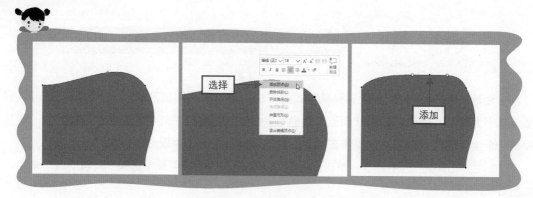

图 5-30　添加顶点

（4）开放路径：将鼠标指针置于相应的顶点上，单击鼠标右键，在弹出的快捷菜单中选择"开放路径"命令，即可将封闭的图形开放，拖动两个控制点可以调整开口大小和位置，如图 5-31 所示。

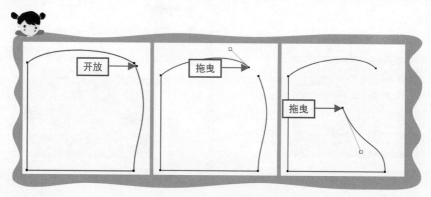

图 5-31　开放路径

（5）关闭路径：将鼠标指针置于开放路径的一个控制点上，单击鼠标右键，在弹出的快捷菜单中选择"关闭路径"命令，即可增加一条直线将分开的形状连接起来，如图 5-32 所示。

（6）平滑顶点：将鼠标指针置于相应的顶点上，单击鼠标右键，在弹出的快捷菜单中选择"平滑顶点"命令，即可将矩形的一个角转换成曲线，效果如图 5-33 所示。

（7）直线点：将鼠标指针置于相应的顶点上，单击鼠标右键，在弹出的快捷菜单中选择"直线点"命令，则调整顶点时，该控制点的调整手柄会始终保持在一条直线上，如图 5-34 所示。

（8）角部顶点：将鼠标指针置于相应的顶点上，单击鼠标右键，在弹出的快捷菜单中选择"角部顶点"命令，则调整顶点时，该控制点的调整手柄长度是任意的且可以自由旋转，如图 5-35 所示。

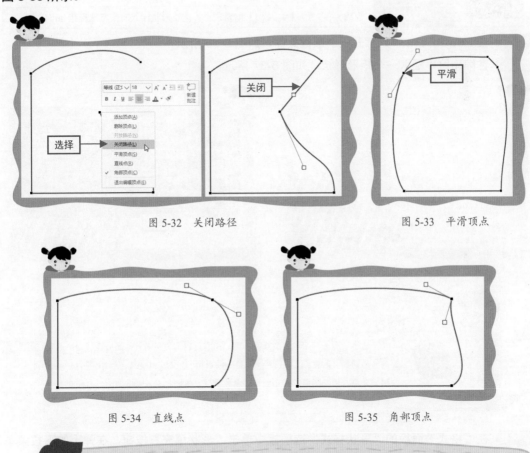

图 5-32 关闭路径

图 5-33 平滑顶点

图 5-34 直线点

图 5-35 角部顶点

专家指点

在形状的不同部位编辑顶点时，可能会出现不同的选项，用户可以根据选项对顶点进行设置。

下面介绍在 PPT 中编辑形状顶点制作特殊形状的操作方法。

扫码看视频	素材文件	素材 \ 第 5 章 \ 实例 65.pptx
	效果文件	效果 \ 第 5 章 \ 实例 65.pptx
	视频文件	视频 \ 第 5 章 \【实例 65】编辑顶点：调整形状样式制作特殊形状 .mp4

第01步 在 PowerPoint 中，打开一个素材文件，如图 5-36 所示。

第02步 在编辑区中插入一个矩形形状，如图 5-37 所示。

图 5-36 素材文件

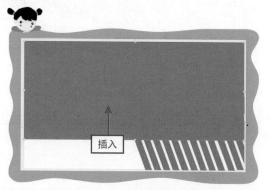

图 5-37 插入矩形形状

专家指点

通过绘图工具插入的图形很标准，但有时也需要将插入的图形进行变形或者根据内容的转换，将插入的图形转换成另外的形状。在 PPT 中，除了"编辑顶点"功能外，用户还可以借助图形转换功能，轻易地实现基本图形之间、基本图形与任意多边形之间的转换。

第03步 在"格式"面板的"形状样式"选项板中单击"形状填充"按钮，在弹出的下拉菜单中选择"取色器"工具，在相应图形上单击鼠标左键，如图 5-38 所示。

第04步 执行操作后，即可在相应图形上吸取颜色，改变矩形形状的颜色，并删除其轮廓，如图 5-39 所示。

第05步 选中形状，单击鼠标右键，在弹出的快捷菜单中选择"编辑顶点"命令，进入编辑顶点状态，如图 5-40 所示。

第06步 适当调整左下角控制点的位置，如图 5-41 所示。

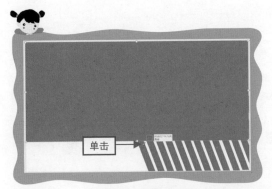

图 5-38 吸取颜色

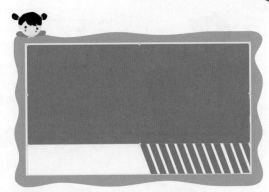

图 5-39 改变矩形形状的颜色

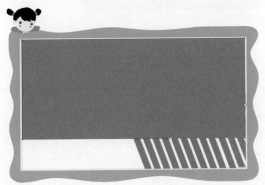

图 5-40 进入编辑顶点状态

图 5-41 调整控制点位置

第07步 用同样的方法，调整其他控制点的位置，如图 5-42 所示。

第08步 将该矩形置于底层，效果如图 5-43 所示。

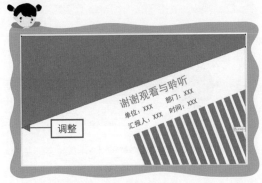

图 5-42 调整其他控制点

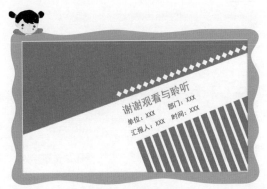

图 5-43 最终效果

专家指点

在绘制圆形、矩形、三角形、四边形等任何一种基本图形时，按住 Shift 键的同时，得到的总是按照默认图形形状等比例放大或缩小的图形，不会发生扭曲或变形。

实例 66　制作半圆：快速绘制半圆图形效果

在 PPT 中绘制一个圆形非常容易，但是要画一个半圆，很多人就不知道该如何下手了。通常情况下，大家会用合并形状的方法来制作半圆图形，但这种操作方法比较复杂，下面介绍一种更加简单的绘制半圆图形的方法。

扫码看视频	素材文件	素材\第 5 章\实例 66.pptx
	效果文件	效果\第 5 章\实例 66.pptx
	视频文件	视频\第 5 章\【实例 66】制作半圆：快速绘制半圆图形效果 .mp4

第01步 在 PowerPoint 中，打开一个素材文件，如图 5-44 所示。

第02步 在编辑区中插入一个正圆形形状，如图 5-45 所示。

图 5-44　素材文件

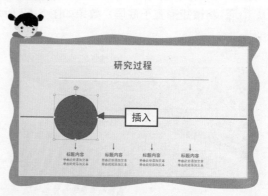

图 5-45　插入正圆形形状

第03步 设置正圆形形状的"形状填充"颜色为"标准色 - 蓝色"、"形状轮廓"为"无轮廓"，效果如图 5-46 所示。

第04步 选中形状，单击鼠标右键，在弹出的快捷菜单中选择"编辑顶点"命令，进入编辑顶点状态，如图 5-47 所示。

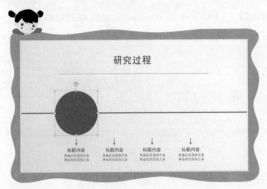

图 5-46 设置形状颜色   图 5-47 进入编辑顶点状态

第05步 将鼠标指针置于下方的顶点上，单击鼠标右键，在弹出的快捷菜单中选择"开放路径"命令，将该顶点变成两个控制点，如图 5-48 所示。

第06步 删除这两个控制点，即可得到一个半圆图形，效果如图 5-49 所示。

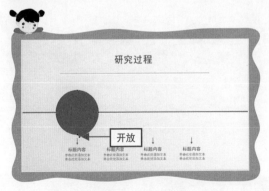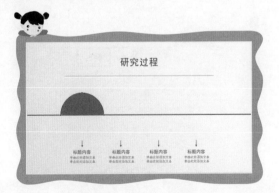

图 5-48 开放路径   图 5-49 制作半圆图形

第07步 复制半圆图形，适当调整其位置，并设置"形状填充"颜色为"标准色 - 浅蓝"，如图 5-50 所示。

第08步 选中形状，在"格式"面板的"排列"选项板中单击"旋转"按钮，在弹出的下拉菜单中选择"垂直翻转"命令，如图 5-51 所示。

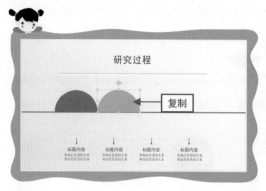

图 5-50 设置形状颜色

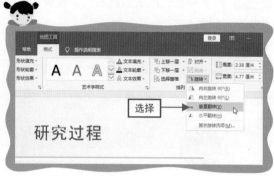

图 5-51 选择"垂直翻转"命令

第09步 执行操作后，即可垂直翻转复制的半圆图形，适当调整其位置，效果如图 5-52 所示。

第10步 将这两个半圆图形组合，复制并调整组合图形的位置，效果如图 5-53 所示。

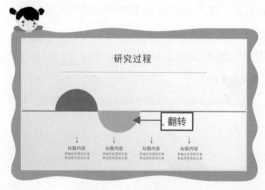

图 5-52 垂直翻转图形

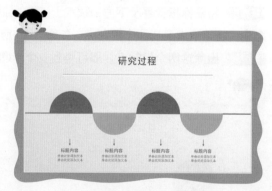

图 5-53 复制并调整图形

实例 67 圆角矩形：为 PPT 的元素增加更多亮点 ▼

圆角矩形是一种非常优雅、简洁的承载体（或者说装饰物），在设计 PPT 时将圆角矩形作为信息承载体，能够让你的 PPT 脱颖而出。

如图 5-54 所示，主体元素的背景就是两个圆角矩形，圆角矩形在过渡上比其他形状要更平滑，因此在视觉上的体验也更融洽。

如图 5-55 所示，在该 PPT 页面中，将蓝色的圆角矩形作为小标题元素的背景。如图 5-56 所示，在该 PPT 页面中，将不同明度的蓝色圆角矩形作为画面的装饰元素。

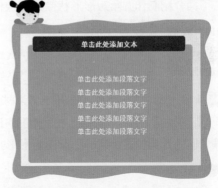

图 5-54　将圆角矩形作为主体元素背景

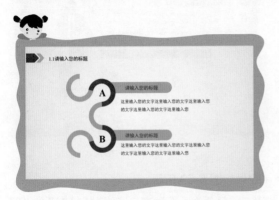

图 5-55　将圆角矩形作为部分元素背景

图 5-56　将圆角矩形作为装饰元素

在 PPT 中使用圆角矩形能够很好地表示重点信息，或者进行切割信息的处理，用户可以将一系列的信息点分别搭载在不同的圆角矩形上。

专家指点

选中对象，按下 Ctrl 键的同时，在图形上单击鼠标左键并拖曳至任意位置，即可复制图形到该位置。此种方法的最大便利在于位置能够随心所欲。另外，按住 Ctrl + Shift 组合键并拖曳对象，可以将图形进行对齐复制。

下面介绍制作圆角矩形形状效果的操作方法。

扫码看视频	素材文件	素材 \ 第 5 章 \ 实例 67.pptx
	效果文件	效果 \ 第 5 章 \ 实例 67.pptx
	视频文件	视频 \ 第 5 章 \【实例 67】圆角矩形：为 PPT 的元素增加更多亮点 .mp4

第01步 在 PowerPoint 中，打开一个素材文件，如图 5-57 所示。

第02步 切换至"插入"面板，在"插图"选项板的"形状"下拉菜单中选择"圆角矩形"形状，在编辑区的合适位置绘制一个圆角矩形形状，如图 5-58 所示。

图 5-57 素材文件

图 5-58 绘制圆角矩形形状

第03步 复制多个形状，并适当调整位置和间距，效果如图 5-59 所示。

第04步 选中第 1 个圆角矩形形状，设置其"形状填充"颜色为"无填充"、"形状轮廓"的"粗细"为 1.5 磅，效果如图 5-60 所示。

图 5-59 复制形状

图 5-60 设置形状样式效果

第05步 用同样的方法，调整其他圆角矩形的形状，效果如图 5-61 所示。

第06步 分别在圆角矩形中输入文字，并设置合适的字体颜色和字号，效果如图 5-62 所示。

图 5-61 设置其他形状样式效果

图 5-62 输入文字效果

实例 68 合并形状：5 种方式制作新的形状效果

PPT 的合并形状功能是一种基于布尔运算的数字符号化逻辑推演法，包括结合、组合、拆分、相交和剪除等形状合并方式，从而产生新的图形，如图 5-63 所示。

图 5-63 PPT 中的合并形状方式

（1）结合：将选择的各个图形结合为一个整体，如图 5-64 所示。

（2）组合：将选择的图形组合后，只会保留它们彼此间没有重叠的部分，如图 5-65 所示。

图 5-64　结合图形效果

图 5-65　组合图形效果

（3）相交：保留选择的图形重叠的部分，其余部分全部去除，如图 5-66 所示。

（4）剪除：将图形与另一个图形重叠的部分剪除，如图 5-67 所示。

图 5-66　相交图形效果

图 5-67　剪除图形效果

（5）拆分：将选择的图形按照重叠部分进行拆分，得到多个组成部分，如图 5-68 所示。

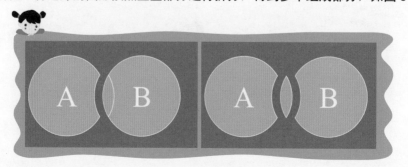

图 5-68　拆分图形效果

专家指点

布尔运算（Boolean）主要是通过对两个以上的物体进行 Union（并集）、Intersection（交集）和 Subtraction（差集）运算，从而得到新的物体形态。

实例 69　圆形设计：制作简洁个人简介封面效果 ▽

下面介绍利用圆形制作简单明了的 PPT 封面效果的操作方法。

扫码看视频	素材文件	素材 \ 第 5 章 \ 实例 69.pptx、实例 69.jpg
	效果文件	效果 \ 第 5 章 \ 实例 69.pptx
	视频文件	视频 \ 第 5 章 \【实例 69】圆形设计：制作简洁个人简介封面效果 .mp4

第01步 在 PowerPoint 中，打开一个素材文件，如图 5-69 所示。

第02步 在编辑区中的合适位置绘制一个正圆形形状，设置"形状填充"颜色为白色、"形状轮廓"为"无轮廓"，并将其置于底层，如图 5-70 所示。

图 5-69　素材文件

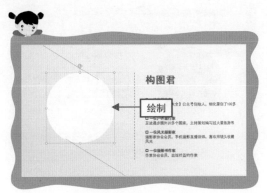

图 5-70　插入正圆形形状

第03步 在"形状效果"下拉菜单中选择"阴影"|"外部"|"偏移：右下"命令，如图5-71所示。

第04步 执行操作后，即可给圆形形状添加阴影效果，如图5-72所示。

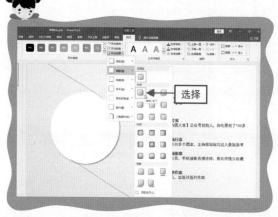

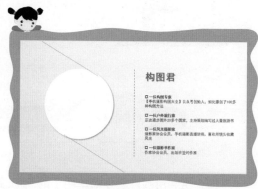

图5-71　选择"偏移：右下"命令　　　　　　　　图5-72　添加阴影效果

第05步 在编辑区中的合适位置再次绘制一个正圆形形状，并将其置于白色圆形的上一层，如图5-73所示。

第06步 在"插入"面板的"图像"选项板中单击"图片"按钮，在编辑区中插入一张人物照片素材，并适当调整其大小，如图5-74所示。

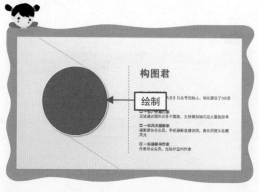

图5-73　绘制正圆形形状　　　　　　　　　　图5-74　插入照片素材

第07步 将照片置于蓝色圆形的下方，先选中照片，然后再按住Ctrl键选中形状，切换至"绘图工具"的"格式"面板，在"插入形状"选项板的"合并形状"下拉菜单中选择"相交"命令，即可裁剪照片为圆形，如图 5-75 所示。

第08步 切换至"图片工具"的"格式"面板，在"图片样式"选项板的"图片边框"下拉菜单中选择"标准色 - 蓝色"命令，添加蓝色的边框效果，如图 5-76 所示。

图 5-75 裁剪照片为圆形

图 5-76 添加蓝色边框

实例70 添加线框：制作不连续的文字线框效果 ▽

为了让 PPT 更有视觉冲击力，更好地吸引观众的注意力，用户可以为其中的文字添加线框效果。线框围绕的文字，能够更好地突出页面中的重点信息，聚焦观众视线，让观众一眼便看到其中的内容。同时，线框还能丰富视觉层级，增强 PPT 的图文内容的联系，让页面的排版布局更加合理。

如果是纯色背景，则可以用相同的色块盖住部分线框，来制作不连续的线框效果。下面介绍为 PPT 中的文字添加不连续线框的操作方法。

扫码看视频	素材文件	素材 \ 第 5 章 \ 实例 70.pptx
	效果文件	效果 \ 第 5 章 \ 实例 70.pptx
	视频文件	视频 \ 第 5 章 \【实例 70】添加线框：制作不连续的文字线框效果 .mp4

第01步 在 PowerPoint 中，打开一个素材文件，如图 5-77 所示。

第02步 在编辑区中的合适位置绘制一个正方形形状，设置"形状填充"颜色为"标准色 - 浅蓝"、"形状轮廓"为"无轮廓"，如图 5-78 所示。

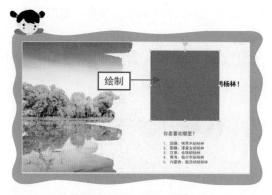

图 5-77　素材文件　　　　　　　　　　　　　图 5-78　绘制正方形形状（1）

第03步 在蓝色正方形的上方，再次绘制一个不同颜色的正方形形状，如图 5-79 所示。

第04步 先选中蓝色正方形，然后按住 Ctrl 键选中上方的正方形，切换至"绘图工具"的"格式"面板，在"插入形状"选项板的"合并形状"下拉菜单中选择"组合"命令，得到线框效果，如图 5-80 所示。

图 5-79　绘制正方形形状（2）　　　　　　　　图 5-80　制作线框效果

第05步 在编辑区中的合适位置绘制一个矩形形状，如图 5-81 所示。

第06步 先选中线框，然后按住 Ctrl 键选中上方的矩形，切换至"绘图工具"的"格式"面板，在"插入形状"选项板的"合并形状"下拉菜单中选择"剪除"命令，得到不连续的线框效果，如图 5-82 所示。

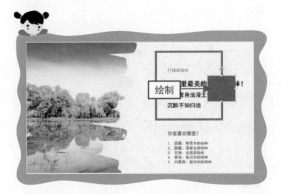

图 5-81 绘制矩形形状

图 5-82 制作不连续线框效果

实例71 层叠背景：用线框修饰页面背景

在制作 PPT 时，我们经常会用线框来约束编辑的内容，而将线框层叠就是一种非常有表现力的方式。下面介绍用线框修饰页面，制作文字层叠背景效果的操作方法。

扫码看视频	素材文件	素材 \ 第 5 章 \ 实例 71.pptx
	效果文件	效果 \ 第 5 章 \ 实例 71.pptx
	视频文件	视频 \ 第 5 章 \【实例 71】层叠背景：用线框修饰页面背景 .mp4

第01步 在 PowerPoint 中，打开一个素材文件，如图 5-83 所示。

第02步 在编辑区中的合适位置绘制一个矩形形状，设置"形状填充"颜色为白色、"形状轮廓"的"粗细"为 1.5 磅，并置于底层，效果如图 5-84 所示。

第03步 选择矩形形状，在"形状效果"下拉菜单中选择"阴影"|"外部"|"偏移：右下"命令，添加阴影效果，如图 5-85 所示。

第04步 复制两个矩形形状并适当调整位置，然后将其置于底层，效果如图 5-86 所示。

图 5-83　素材文件

图 5-84　绘制矩形形状

图 5-85　添加阴影效果

图 5-86　复制矩形并调整位置

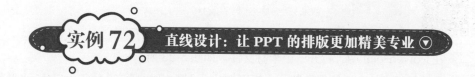

实例72　直线设计：让 PPT 的排版更加精美专业

在 PPT 设计中，线条应该是最基础的形状样式，也是最为常见的基本设计元素之一，巧用直线可以让 PPT 的排版更加精美专业。

下面介绍运用直线对页面进行装饰美化的操作方法。

素材文件	素材 \ 第 5 章 \ 实例 72.pptx
效果文件	效果 \ 第 5 章 \ 实例 72.pptx
视频文件	视频 \ 第 5 章 \【实例 72】直线设计：让 PPT 的排版更加精美专业 .mp4

第01步 在 PowerPoint 中，打开一个素材文件，如图 5-87 所示。

第02步 在编辑区中的合适位置绘制一条直线形状，打开"设置形状格式"面板，在"线条"选项区中设置"颜色"为白色、"透明度"为 0%、"宽度"为 2.5 磅，并置于底层，效果如图 5-88 所示。

图 5-87　素材文件

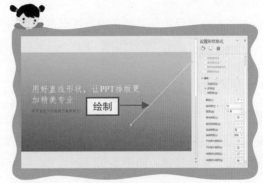

图 5-88　绘制直线形状

第03步 复制直线，适当调整位置和长度，设置"宽度"为 1 磅，效果如图 5-89 所示。

第04步 用同样的操作方法，复制并调整其他的直线，最终效果如图 5-90 所示。

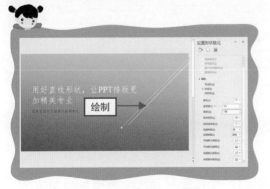

图 5-89　复制并调整直线

图 5-90　最终效果

实例 73　填充渐变色：美化图形增加画面立体感

为 PPT 中的图形填充渐变色，有利于增强画面中形状元素的生动性、立体感。渐变有两种：一是异色渐变，即图形本身有两种以上不同颜色的变化，如七色彩虹；二是同色渐变，即图形本身仅一种颜色，但这种颜色由浅入深或由深到浅发生渐变，类似光线在不同角度照射产生的效果。

下面介绍运用渐变颜色填充图形的操作方法。

扫码看视频	素材文件	素材 \ 第 5 章 \ 实例 73.pptx
	效果文件	效果 \ 第 5 章 \ 实例 73.pptx
	视频文件	视频 \ 第 5 章 \【实例 73】填充渐变色：美化图形增加画面立体感 .mp4

第01步　在 PowerPoint 中，打开一个素材文件，如图 5-91 所示。

第02步　在编辑区中选择相应形状，打开"设置形状格式"面板，在"填充"选项区中选中"渐变填充"单选按钮，如图 5-92 所示。

图 5-91　素材文件　　　　　　　　　图 5-92　选中"渐变填充"单选按钮

第03步　在"预设渐变"下拉列表中选择"底部聚光灯 - 个性色 1"选项，如图 5-93 所示。

第04步　执行操作后，即可用预设的渐变色填充图形，效果如图 5-94 所示。

专家指点

在 PPT 中为图形设置渐变填充效果，可以让图形更具层次感，同时整个画面效果也会变得更加柔美，视觉效果更好。跟纯色填充效果相比，渐变填充的大面积图形，能够起到烘托主题气氛和营造画面氛围的作用。

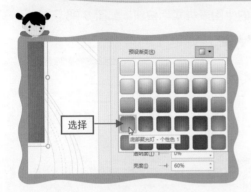

图 5-93　选择相应渐变色

图 5-94　用渐变色填充图形

专家指点

在 PPT 中，"渐变类型"包括线性渐变、射线渐变、矩形渐变和路径渐变 4 种渐变类型。线性渐变是从一种颜色到另一种颜色直接过渡，射线渐变是从中间向四周呈圆形状扩散，矩形渐变是从中间向四周呈矩形状扩散，路径渐变的渐变形状与插入的形状类似。

实例74　图表美化：快速清除系统中的默认样式 ▼

直接用系统默认参数创建的图表，通常包括背景、图例、坐标轴、网格线、边框线、字体等元素，同时还会添加一些渐变、描边或阴影等效果。其实，过于复杂的图表效果往往容易影

响信息的表达，此时用户可以将默认的样式删掉，更好地集中观众的注意力。

下面介绍快速清除系统中的默认图表样式的操作方法。

扫码看视频	素材文件	素材 \ 第 5 章 \ 实例 74.pptx
	效果文件	效果 \ 第 5 章 \ 无
	视频文件	视频 \ 第 5 章 \【实例 74】图表美化：快速清除系统中的默认样式 .mp4

第01步 在 PowerPoint 中，打开一个素材文件，如图 5-95 所示。

第02步 在编辑区中选择相应图表，单击图表右侧的"图表样式"按钮，如图 5-96 所示。

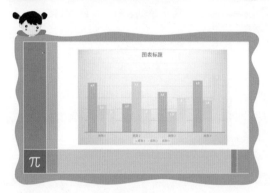

图 5-95　素材文件

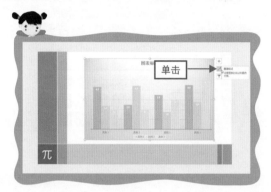

图 5-96　单击"图表样式"按钮

第03步 在"样式"列表框中选择"样式 2"选项，如图 5-97 所示。

第04步 执行操作后，即可改变图表的样式，可以看到图表的渐变背景和网格线等元素已经消失了，效果如图 5-98 所示。

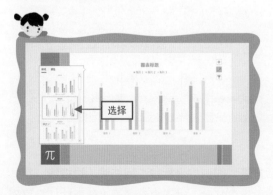

图 5-97　选择"样式 2"选项

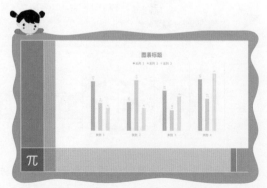

图 5-98　改变图表的样式

实例75　清除格式：制作简洁规范的表格效果

默认表格样式里面的字体和颜色效果通常都很一般，需要用户自行去调整。其实，用户完全可以清除这些不太美观的默认表格格式，制作简洁规范的表格效果。

下面介绍清除表格格式的操作方法。

扫码看视频	素材文件	素材 \ 第 5 章 \ 实例 75.pptx
	效果文件	效果 \ 第 5 章 \ 实例 75.pptx
	视频文件	视频 \ 第 5 章 \ 【实例 75】清除格式：制作简洁规范的表格效果 .mp4

第01步 在 PowerPoint 中，打开一个素材文件，如图 5-99 所示。

第02步 在编辑区中选择相应表格，在"表格工具"的"设计"面板的"表格样式"列表框中选择"无样式，无网格"选项，如图 5-100 所示。

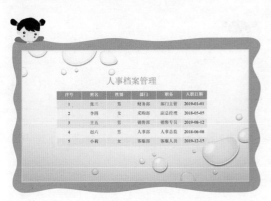

图 5-99　素材文件

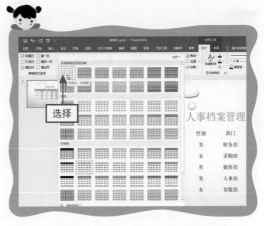

图 5-100　选择"无样式，无网格"选项

第03步 执行操作后，即可清除表格默认格式，如图 5-101 所示。

第04步 选择表头的文本内容，设置"字体颜色"为"标准色 - 蓝色"，并加粗，效果如图 5-102 所示。

图 5-101　清除表格默认格式效果

图 5-102　设置表头效果

第05步　在"表格工具"的"设计"面板的"绘制边框"选项板中，设置"笔样式"为实线、"笔划粗细"为 2.25 磅、"笔颜色"为"标准色 - 蓝色"，并在"边框"下拉菜单中选择"下框线"命令，如图 5-103 所示。

第06步　执行操作后，即可在表头下方添加一根框线，效果如图 5-104 所示。

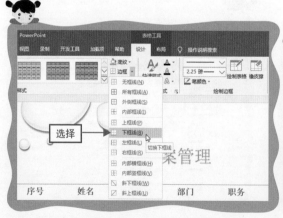

图 5-103　选择"下框线"命令

图 5-104　添加下框线（1）

第07步　用同样的操作方法，在表格最后一行的下方添加一根蓝色的框线，效果如图 5-105 所示。

第08步　选择表格，在"表格工具"的"布局"面板的"对齐方式"选项板中，单击"垂直居中"

按钮，如图 5-106 所示。执行操作后，即可将表格中的文本垂直居中对齐。

图 5-105　添加下框线（2）

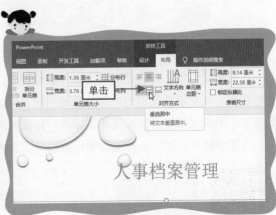

图 5-106　单击"垂直居中"按钮

第09步 在表格中选择"部门"列，在"表格工具"的"设计"面板的"表格样式"选项板中，单击"底纹"按钮，在弹出的下拉菜单中选择"蓝色，个性色 1，淡色 80%"命令，如图 5-107 所示。

第10步 执行操作后，即可为该列添加底纹效果，如图 5-108 所示。

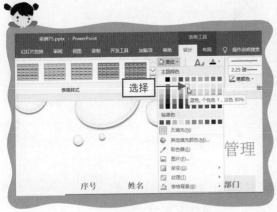

图 5-107　选择底纹颜色

图 5-108　添加底纹效果

实例 76　图表技巧：使用图片美化图表的数据点 ▼

在日常工作中，我们经常需要制作各种图表。图表具有较好的视觉效果，便于用户查看和分析数据，与文字内容相比，形象直观的图表更容易让人理解。不过，软件默认的图表样式比较简单，用户可以使用图片美化数据点，让图表效果更加形象化。

下面介绍使用图片美化图表数据点的操作方法。

扫码看视频	素材文件	素材 \ 第 5 章 \ 实例 76.pptx、实例 76.jpg
	效果文件	效果 \ 第 5 章 \ 实例 76.pptx
	视频文件	视频 \ 第 5 章 \【实例 76】图表技巧：使用图片美化图表的数据点 .mp4

第01步 在 PowerPoint 中，打开一个素材文件，如图 5-109 所示。

第02步 在编辑区中插入一张素材图片，适当调整图片大小，并按 Ctrl ＋ C 组合键复制这个 PNG 小图标，如图 5-110 所示。

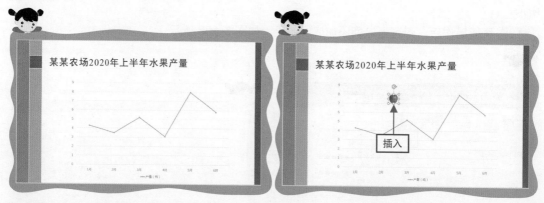

图 5-109　素材文件　　　图 5-110　插入素材图片

第03步 选择折线图中的数据点，保证所有数据点被选择，如图 5-111 所示。

第04步 按 Ctrl ＋ V 组合键粘贴小图标，并删除原图，效果如图 5-112 所示。

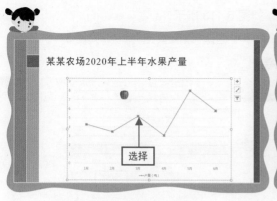

图 5-111 选择数据点

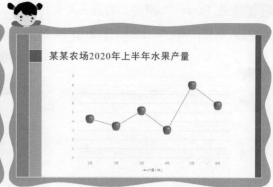

图 5-112 粘贴小图标

专家指点

图表的数据系列是工作表中的数据在图表中的体现，并以图形方式显示，即一个数据点对应一个单元格中的数值，柱形的高度对应着一个数值，此数值就是一个数据点，数据点以各种形状表示，如柱形、条形、折线等。

实例 77 创意玩法：填充形状制作可视化图表

在制作 PPT 图表时，用户可以在图表中填充更加形象化的形状或图案，增强图表的可视化效果，让图表信息能够更加容易被人理解。

下面介绍填充形状制作可视化图表的操作方法。

扫码看视频	素材文件	素材 \ 第 5 章 \ 实例 77.pptx
	效果文件	效果 \ 第 5 章 \ 实例 77.pptx
	视频文件	视频 \ 第 5 章 \【实例 77】创意玩法：填充形状制作可视化图表 .mp4

第01步 在 PowerPoint 中，打开一个素材文件，如图 5-113 所示。

第02步 选择图表，单击鼠标右键，在弹出的快捷菜单中选择"编辑数据"命令，如图 5-114 所示。

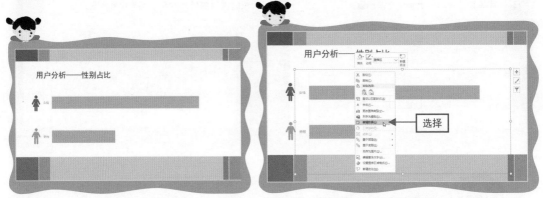

图 5-113　素材文件　　　　　　　图 5-114　选择"编辑数据"命令

第03步 打开数据表格，在"系列1"左侧插入一列"辅助数列"，并将数值都设置为100%，如图 5-115 所示。

第04步 关闭数据表格，即可在图表上添加一列"辅助数列"，效果如图 5-116 所示。

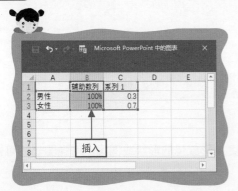

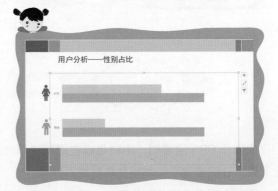

图 5-115　插入"辅助数列"数据　　　　图 5-116　添加"辅助数列"效果

第05步 选择"辅助数列"，单击鼠标右键，在弹出的快捷菜单中选择"设置数据系列格式"命令，如图 5-117 所示。

第06步 打开"设置数据系列格式"面板，在"系列选项"选项区中设置"系列重叠"为100%，即可将"辅助数列"与"系列1"重叠在一起，如图 5-118 所示。

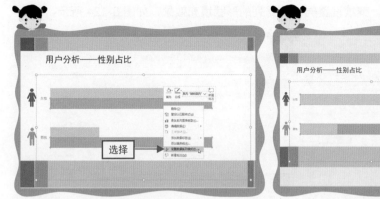

图 5-117 选择"设置数据系列格式"命令

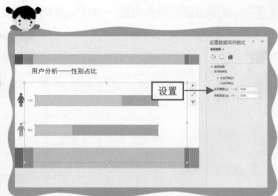

图 5-118 重叠显示"辅助数列"

第07步 在"图表工具"的"格式"面板的"形状样式"选项板中，设置"形状填充"为"白色，背景 1，深色 15%"，调整"辅助数列"的颜色，效果如图 5-119 所示。

第08步 选中女性人物形状图标，复制该图标，并设置"形状填充"为"白色，背景 1，深色 15%"，如图 5-120 所示。

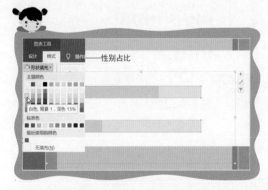

图 5-119 调整"辅助数列"的颜色

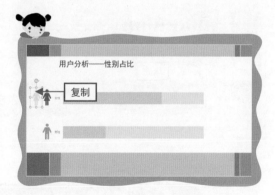

图 5-120 复制形状图标

第09步 复制浅灰色的女性人物形状图标，选中女性的"辅助数列"，然后粘贴图标，如图 5-121 所示。

第10步 用鼠标右键单击女性的"辅助数列"，在弹出的快捷菜单中选择"设置数据点格式"命令，打开相应面板，在"填充"选项区中选中"层叠"单选按钮，效果如图 5-122 所示。

第11步 删除浅灰色的女性人物形状图标，并用同样的方法，为女性的"系列 1"填充红色的人物图标，效果如图 5-123 所示。

第12步 参照上面的操作方法，继续设置男性数据列的形状填充效果，如图 5-124 所示。

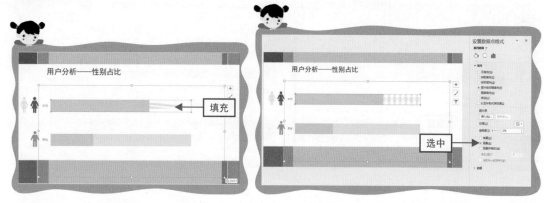

图 5-121　用形状填充"辅助数列"　　　　图 5-122　选中"层叠"单选按钮

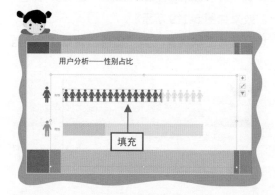

图 5-123　填充其他图标系列

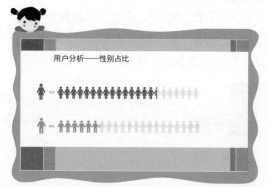

图 5-124　最终效果

实例78　饼图设计：制作圆环分裂状逻辑图效果 ▼

　　PPT 中经常会用饼图来更确切地表达数据和信息，饼图本身的图形元素比较简单，设计时只要注意配色和数据标注等细节问题，即可达到较好的展现效果。其实，我们还可以通过饼图来制作一些更具创意的逻辑图元素，增强页面的视觉效果。

　　下面介绍用 PPT 饼图制作圆环分裂状逻辑图的操作方法。

扫码看视频	素材文件	素材 \ 第 5 章 \ 实例 78.pptx
	效果文件	效果 \ 第 5 章 \ 实例 78.pptx
	视频文件	视频 \ 第 5 章 \【实例 78】饼图设计：制作圆环分裂状逻辑图效果 .mp4

第01步 在 PowerPoint 中，打开一个素材文件，如图 5-125 所示。

第02步 在编辑区中插入一个饼图，如图 5-126 所示。

图 5-125 素材文件 　　　　　　　　　图 5-126 插入饼图

第03步 将饼图中的多余元素删除，只显示图形即可，然后设置 6 个等值的数据，并设置填充颜色为蓝色，效果如图 5-127 所示。

第04步 打开"设置数据系列格式"面板，在"系列选项"选项区中设置"饼图分离"为 20%，效果如图 5-128 所示。

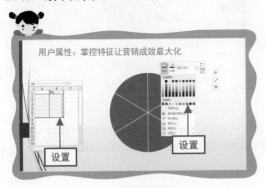
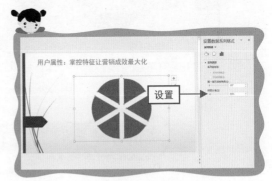

图 5-127 设置饼图效果 　　　　　　　　図 5-128 分离饼图

第05步 在"设置数据系列格式"面板的"边框"选项区中，设置"颜色"为蓝色、"宽度"为 20 磅、"线端类型"为"圆"，效果如图 5-129 所示。

第06步 剪切饼图，并将其粘贴为图片，在饼图中间插入一个正圆形状，如图 5-130 所示。

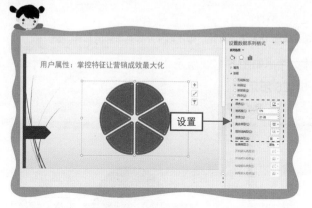

图 5-129　设置饼图边框效果　　　　　　　　　　图 5-130　插入正圆形状

第07步 先选中饼图，再选中圆形，执行"剪除"形状合并处理，剪切饼图，效果如图 5-131 所示。

第08步 在饼图上添加相应的图标和文字等元素，得到最终效果，如图 5-132 所示。

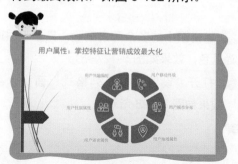

图 5-131　剪切饼图　　　　　　　　　　　　　图 5-132　最终效果

实例 79　SmartArt：将文字一键变成组织结构图 ▼

　　SmartArt 图形包含列表、流程、层次结构、循环和关系等组织结构图，有了这个功能，可以方便用户在幻灯片中绘制各种图示。用户既可以在"插入"面板中创建 SmartArt 图形，也可以直接将文本快速转换为 SmartArt 图形。将 SmartArt 图形保存为图片格式，只需要选中

SmartArt图形并单击鼠标右键，在弹出的快捷菜单中选择"另存为图片"命令，然后在打开的"另存为"对话框中选择要保存的图片格式，再单击"保存"按钮即可。

下面介绍制作 SmartArt 组织结构图的操作方法。

扫码看视频	素材文件	素材 \ 第 5 章 \ 实例 79.pptx
	效果文件	效果 \ 第 5 章 \ 实例 79.pptx
	视频文件	视频 \ 第 5 章 \【实例 79】SmartArt：将文字一键变成组织结构图 .mp4

第01步 在 PowerPoint 中，打开一个素材文件，如图 5-133 所示。

第02步 选择需要转换的文本框，切换至"开始"面板，在"段落"选项板中单击"转换为 SmartArt"按钮，在弹出的下拉菜单中选择"其他 SmartArt 图形"命令，如图 5-134 所示。

图 5-133　素材文件

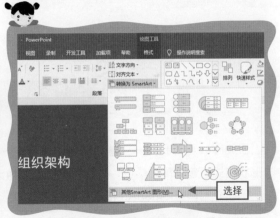

图 5-134　选择"其他 SmartArt 图形"命令

专家指点

注意，该素材文件中的文本框中的文字是进行了级别设置的。"总裁"是 1 级，用户可以选择需要设置为 2 级的"各个中心"等几行文字，按 Tab 键进行降级处理，然后选择需要设置为 3 级的"各个部门如行政部人事部"等几行文字，按 Tab 键降级，将文档分成三个层级，这样才能一键生成结构图。

第03步 弹出"选择 SmartArt 图形"对话框，切换至"层次结构"选项设置界面，在中间的窗格中选择"水平组织结构图"图形，如图 5-135 所示。

第04步 单击"确定"按钮,即可将文本转换为 SmartArt 图形,并适当调整其大小,效果如图 5-136 所示。

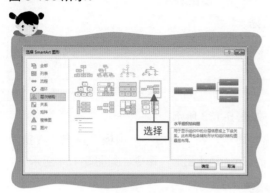

图 5-135　选择"水平组织结构图"图形

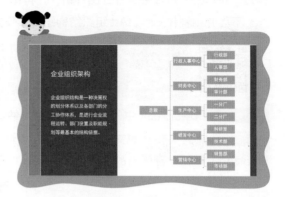

图 5-136　将文本转换为 SmartArt 图形

实例 80　更改形状:调整 SmartArt 形状格式效果 ▽

SmartArt 图形是由一些基本的形状组合在一起的,因此用户可以调整 SmartArt 图形的基本形状格式,包括填充颜色、边框、透明度和填充图片等。

下面介绍调整 SmartArt 形状格式的操作方法。

扫码看视频	素材文件	素材 \ 第 5 章 \ 实例 80.pptx
	效果文件	效果 \ 第 5 章 \ 实例 80.pptx
	视频文件	视频 \ 第 5 章 \【实例 80】更改形状:调整 SmartArt 形状格式效果 .mp4

第01步 在 PowerPoint 中,打开一个素材文件,如图 5-137 所示。

第02步 在 SmartArt 图形中选择矩形形状的图片,如图 5-138 所示。

专家指点

在创建的 SmartArt 图形布局类型中还可以添加或删除形状,添加的形状位置包括:从前面添加形状、从后面添加形状、从上方添加形状和从下方添加形状。

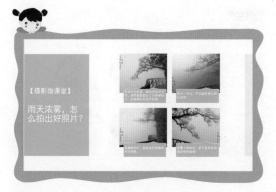

图 5-137　素材文件

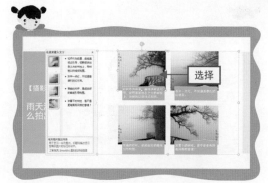

图 5-138　选择矩形形状的图片

第03步 切换至 "SmartArt 工具" 的 "格式" 面板，在 "形状" 选项板中单击 "更改形状" 按钮，在弹出的下拉菜单中选择 "椭圆" 形状，如图 5-139 所示。

第04步 执行操作后，即可更改 SmartArt 图形的形状，效果如图 5-140 所示。

图 5-139　选择 "椭圆" 形状

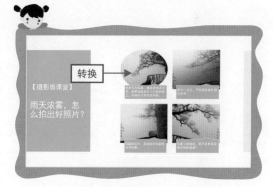

图 5-140　更改 SmartArt 图形的形状

第05步 在 "形状样式" 选项板中，设置 "形状轮廓" 为 "标准色 - 浅蓝"，为 SmartArt 图形中的椭圆形状添加边框颜色，效果如图 5-141 所示。

第06步 重复以上操作，调整其他 SmartArt 形状的格式，效果如图 5-142 所示。

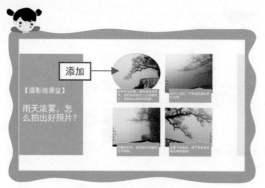

图 5-141　添加边框颜色

图 5-142　最终效果

第6章

风格设计:

排版编辑应用技巧

本章案例导航

- 简化工作:快速去除 PPT 中的默认版式
- 错落排版:制作三维旋转横排文字效果
- 多文字排版:用 SmartArt 工具简单搞定
- 美化排版:并列型 PPT 页面的排版技巧
- 对齐分布:一键对齐页面中的多个对象
- 虚实结合:让页面的重点内容更加突出

……

实例 81　简化工作：快速去除 PPT 中的默认版式 ▽

制作幻灯片的第一步就是新建演示文稿，但新建的演示文稿通常都会带有默认版式，如"单击此处添加标题""单击此处添加副标题"等。很多时候，我们并不需要这些元素，甚至还会影响自己的制作流程和创意思路，因此先要去除这种默认版式效果。

下面介绍快速去除 PPT 中默认版式的操作方法。

扫码看视频	素材文件	素材 \ 第 6 章 \ 实例 81.pptx
	效果文件	效果 \ 第 6 章 \ 实例 81.pptx
	视频文件	视频 \ 第 6 章 \【实例 81】简化工作：快速去除 PPT 中的默认版式 .mp4

第01步 在 PowerPoint 中，打开一个素材文件，如图 6-1 所示。

第02步 在左侧的视图区中单击鼠标右键，在弹出的快捷菜单中选择"新建幻灯片"命令，新建一个幻灯片页面，如图 6-2 所示。

图 6-1　素材文件

图 6-2　新建一个幻灯片页面

第03步 选中新建的幻灯片，切换至"开始"面板，在"幻灯片"选项板中单击"版式"按钮，在弹出的下拉菜单中选择"空白"模板，如图 6-3 所示。

第04步 执行操作后，即可删除新建的幻灯片中的所有元素，变成空白幻灯片，效果如图 6-4

所示。

图 6-3 选择"空白"模板

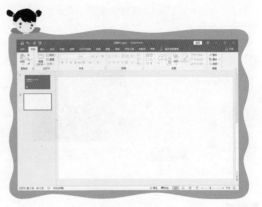

图 6-4 去除 PPT 中的默认版式

实例 82 选择窗格：查看 PPT 中的图层元素 ▼

在 PPT 中，用户可以通过"选择窗格"功能查看 PPT 页面中的所有元素，这相当于 Photoshop 软件中的"图层"面板，用户还可以在此显示或隐藏相应的对象。

下面介绍查看 PPT 图层元素的操作方法。

素材文件	素材 \ 第 6 章 \ 实例 82.pptx
效果文件	效果 \ 第 6 章 \ 实例 82.pptx
视频文件	视频 \ 第 6 章 \【实例 82】选择窗格：查看 PPT 中的图层元素 .mp4

第01步 在 PowerPoint 中，打开一个素材文件，如图 6-5 所示。

第02步 在"开始"面板的"编辑"选项板中，选择"选择"|"选择窗格"命令，打开"选择"面板，即可看到该页面的所有元素，如图 6-6 所示。

第03步 单击"全部显示"按钮，即可显示所有的隐藏元素，如图 6-7 所示。

第04步 将"文本框 3"图层拖曳至"图片 1"图层的上方，即可调整图层顺序，效果如图 6-8 所示。

图 6-5　素材文件

图 6-6　"选择"面板

图 6-7　显示所有的隐藏元素

图 6-8　调整图层顺序

专家指点

　　在"选择"面板中，用户不仅可以查看 PPT 页面中的所有对象，而且还可以单击相应对象元素右侧的眼睛图标 👁，将对象隐藏。

实例 83 错落排版：制作三维旋转横排文字效果 ▽

在给 PPT 中的横排文字进行排版时，如果都是一些四平八稳的文字，看上去会显得比较普通，此时用户可以通过错落排版的方式，制作三维旋转文字效果，让文字在 PPT 中更好地表现出来。

下面介绍制作三维旋转横排文字的操作方法。

扫码看视频	素材文件	素材 \ 第 6 章 \ 实例 83.pptx
	效果文件	效果 \ 第 6 章 \ 实例 83.pptx
	视频文件	视频 \ 第 6 章 \【实例 83】错落排版：制作三维旋转横排文字效果 .mp4

第01步 在 PowerPoint 中，打开一个素材文件，如图 6-9 所示。

第02步 在编辑区中选择相应的文字对象，在"格式"面板的"形状样式"选项板中，选择"形状效果"|"三维旋转"|"离轴 1：右"命令，如图 6-10 所示。

图 6-9 素材文件

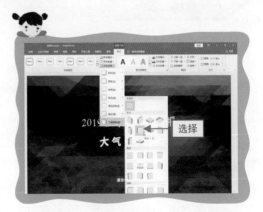

图 6-10 选择"离轴 1：右"命令

第03步 执行操作后，即可制作三维旋转文字效果，如图 6-11 所示。

第04步 适当调整文字的字号和位置，打造出错落排版的效果，如图 6-12 所示。

图 6-11　制作三维旋转文字效果

图 6-12　调整文字效果

专家指点

　　用户可以用 OneKeyTools 插件的"拆合文本 - 拆为单字"功能，将长文本框快速拆分为单字，从而更加方便地对文字进行排版设计。

实例 84　全图型排版：一张图＋一段话的排版技巧 ▼

　　很多 PPT 中常常可以看到"一张图＋一段话"的排版方式，这样能够更加引人入胜。例如，可以引用别人说过的话并加上照片，如图 6-13 所示，或者用产品说明搭配心灵鸡汤，如图 6-14 所示。注意图片的质量要高，而且引用的话要加上引号和出处，排版时还可以对文字进行分段，以及用线条点缀，来美化画面、突出重点信息。

　　下面介绍制作全图型排版页面的操作方法。

素材文件	素材 \ 第 6 章 \ 实例 84.jpg
效果文件	效果 \ 第 6 章 \ 实例 84.pptx
视频文件	视频 \ 第 6 章 \【实例 84】全图型排版：一张图＋一段话的排版技巧 .mp4

图 6-13 引用别人说过的话 + 照片

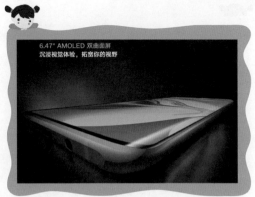

图 6-14 产品说明搭配心灵鸡汤

第01步 在 PowerPoint 中，新建一个空白幻灯片，并插入素材图片，如图 6-15 所示。

第02步 适当调整图片的大小和位置，铺满整个页面，效果如图 6-16 所示。

图 6-15 素材文件

图 6-16 调整图片的大小和位置

第03步 在图片下方绘制一个矩形形状，打开"设置形状格式"面板，在"填充"选项区中设置"颜色"为黑色、"透明度"为 50%，在"线条"选项区中选中"无线条"单选按钮，效果如图 6-17 所示。

第04步 在矩形形状上方插入一个文本框，输入相应的文字并设置字体、字号、颜色和对齐方式，效果如图 6-18 所示。

图 6-17　绘制矩形形状

图 6-18　输入相应的文字

专家指点

　　PowerPoint 中的占位符是一种带有虚线边框的方框，包含文字和图形等内容，大多数占位符中预设了文字的属性和样式，供用户添加标题文字和项目文字等。默认情况下，在占位符中输入文字，PowerPoint 会随着输入的文本自动调整文本大小以适应占位符。如果输入的文本超出了占位符的大小，则 PowerPoint 将减小字号和行距直到容下所有文本为止。

实例 85　　多文字排版：用 SmartArt 工具简单搞定 ▼

　　如果 PPT 页面中的文字内容比较多，则可以借助 SmartArt 图形，来快速对文字进行排版设计，下面介绍具体的操作方法。

扫码看视频	素材文件	素材 \ 第 6 章 \ 实例 85.jpg
	效果文件	效果 \ 第 6 章 \ 实例 85.pptx
	视频文件	视频 \ 第 6 章 \【实例 85】多文字排版：用 SmartArt 工具简单搞定 .mp4

第01步　在 PowerPoint 中，打开一个素材文件，如图 6-19 所示。

第02步 在编辑区中的文本框内选择文本内容，如图 6-20 所示。

图 6-19 素材文件

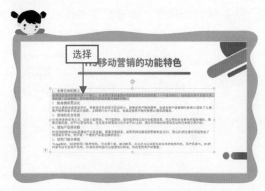

图 6-20 选择文本内容

第03步 在"开始"面板的"段落"选项板中单击"提高列表级别"按钮，调整文字层级，效果如图 6-21 所示。

第04步 将段落文字的"字号"设置为 12，效果如图 6-22 所示。

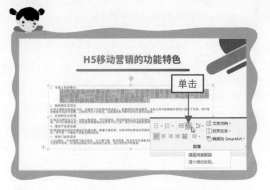

图 6-21 调整文字层级

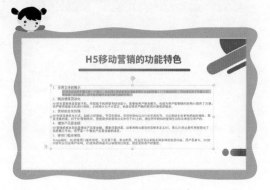

图 6-22 调整字号

第05步 使用格式刷工具调整其他段落的属性，效果如图 6-23 所示。

第06步 选择文本框，在"开始"面板的"段落"选项板中单击"转换为 SmartArt"按钮，在弹出的下拉菜单中选择"垂直块列表"命令，即可使用 SmartArt 图形来对文字进行排版，效果如图 6-24 所示。

第07步 若用户对于排版效果不满意，也可以切换至"SmartArt 工具"的"设计"面板，在"版

式"列表框中选择其他图形，如"分组列表"，如图 6-25 所示。

第08步 执行操作后，即可改变 SmartArt 图形的版式，效果如图 6-26 所示。

图 6-23 调整其他段落的属性

图 6-24 转换为 SmartArt 图形

图 6-25 选择其他图形

图 6-26 改变 SmartArt 图形的版式

实例 86 多图排版：使用 SmartArt 排版多张图片

SmartArt 图形还可以用于多张图片的排版，能够让页面的版式更为清晰、美观，如图 6-27 所示。

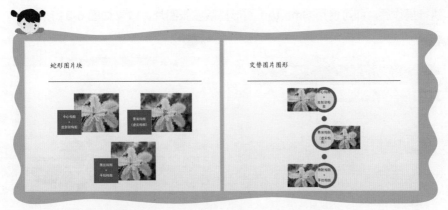

图 6-27　用 SmartArt 排版多张图片

下面介绍用 SmartArt 图形排版多张图片的具体操作方法。

扫码看视频	素材文件	素材 \ 第 6 章 \ 实例 86.jpg
	效果文件	效果 \ 第 6 章 \ 实例 86.pptx
	视频文件	视频 \ 第 6 章 \【实例 86】多图排版：使用 SmartArt 排版多张图片 .mp4

第01步 在 PowerPoint 中，打开一个素材文件，如图 6-28 所示。

第02步 在编辑区中选择多张图片，如图 6-29 所示。

图 6-28　素材文件

图 6-29　选择图片

第03步 在"格式"面板的"图片样式"选项板中单击"图片版式"按钮，在弹出的下拉菜单中选择"六边形群集"版式，如图 6-30 所示。

第04步 执行操作后，即可使用 SmartArt 图形排版多张图片，效果如图 6-31 所示。

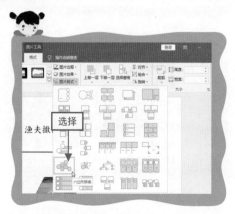

图 6-30 选择"六边形群集"版式

图 6-31 制作 SmartArt 图形

第05步 切换至"SmartArt 工具"的"设计"面板，在"SmartArt 样式"选项板中单击"更改颜色"按钮，在弹出的下拉菜单中选择"渐变范围 - 个性色 2"命令，如图 6-32 所示。

第06步 执行操作后，即可调整 SmartArt 图形的颜色，效果如图 6-33 所示。

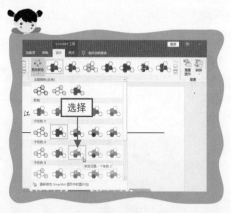

图 6-32 选择"渐变范围 - 个性色 2"命令

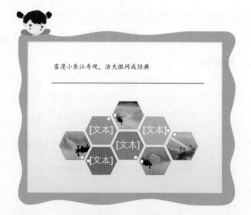

图 6-33 更改颜色

第07步 单击 SmartArt 图形左侧的 ⟩ 按钮，打开"在此处键入文字"窗格，输入相应的文本内容，如图 6-34 所示。

第08步 设置文字的"字体"为"楷体"、"字号"为 20，效果如图 6-35 所示。

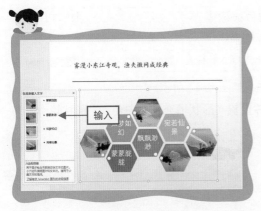

图 6-34　输入相应的文本内容

图 6-35　调整文本效果

实例 87　美化排版：并列型 PPT 页面的排版技巧 ▼

对于具有并列关系的多个内容，如果只单纯放入文字，则不仅页面看上去非常单调，而且观众也很难找到重点信息。此时，用户可以采用一些特殊的排版技巧，如添加点缀元素，给小标题文本添加形状底纹或者图标说明，从而让画面更加美观，如图 6-36 所示。

图 6-36　添加点缀元素

另外，用户还可以通过改变页面结构和增强局部板块的方式，来突出页面中的重点内容，下面介绍具体的操作方法。

素材文件	素材\第 6 章\实例 87.pptx
效果文件	效果\第 6 章\实例 87.pptx
视频文件	视频\第 6 章\【实例 87】美化排版：并列型 PPT 页面的排版技巧 .mp4

第01步 在 PowerPoint 中，打开一个素材文件，如图 6-37 所示。

第02步 在文字内容下方插入一个矩形形状，并设置"形状填充"为白色、"形状轮廓"为"无轮廓"，效果如图 6-38 所示。

图 6-37　素材文件

图 6-38　插入矩形形状

第03步 复制两个白色矩形形状，并适当调整其位置，将文本内容与背景通过色块区分开，效果如图 6-39 所示。

第04步 选择白色矩形，在"格式"面板的"形状样式"选项板中，单击"形状效果"按钮，在弹出的下拉菜单中选择"阴影"|"外部"|"偏移：下"命令，如图 6-40 所示。

图 6-39　复制矩形形状

图 6-40　选择"偏移：下"命令

第05步 执行操作后，即可为矩形色块添加阴影效果，如图 6-41 所示。

第06步 在"形状效果"下拉菜单中选择"发光"|"发光变体"|"发光：8 磅；蓝色，主题色 2"命令，如图 6-42 所示。

图 6-41 添加阴影效果

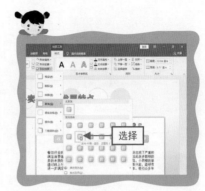

图 6-42 选择"发光：8 磅；蓝色，主题色 2"效果

第07步 执行操作后，即可为矩形色块添加发光效果，如图 6-43 所示。

第08步 选择中间的矩形形状，适当调整其大小，如图 6-44 所示。

图 6-43 添加发光效果

图 6-44 调整矩形形状大小

第09步 选择中间的矩形形状，设置"形状填充"为浅蓝，效果如图 6-45 所示。

第10步 适当调整中间矩形上的文字和图标的颜色，效果如图 6-46 所示。

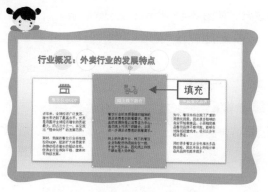

图 6-45 设置"形状填充"效果

图 6-46 最终效果

专家指点

很多时候，我们为了让幻灯片图片更好看，一般会将图片的边缘进行柔化处理，柔化边缘可以使图像具有梦幻般的效果，边缘具有朦胧感，产生若隐若现的效果。

实例88 动态背景：让 PPT 的背景动起来

在制作动态背景效果时，为了不让背景影响到页面元素的其他操作，用户可以在母版视图下插入 GIF 动态或者视频等媒体素材，下面介绍具体的操作方法。

扫码看视频	素材文件	素材 \ 第 6 章 \ 实例 88.pptx、实例 88.mp4
	效果文件	效果 \ 第 6 章 \ 实例 88.pptx
	视频文件	视频 \ 第 6 章 \【实例 88】动态背景：让 PPT 的背景动起来 .mp4

第01步 在 PowerPoint 中，打开一个素材文件，如图 6-47 所示。

第02步 切换至"视图"面板，在"母版视图"选项板中单击"幻灯片母版"按钮，如图6-48 所示。

图 6-47 素材文件

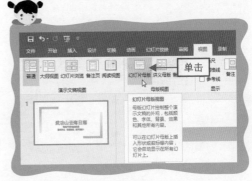

图 6-48 单击"幻灯片母版"按钮

第03步 执行操作后，进入幻灯片母版视图编辑模式，如图 6-49 所示。

第04步 切换至"插入"面板，在"媒体"选项板中单击"视频"按钮，在弹出的下拉菜单中选择"PC上的视频"命令，如图 6-50 所示。

图 6-49 母版视图编辑模式

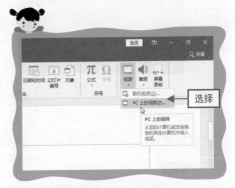

图 6-50 选择"PC 上的视频"命令

第05步 弹出"插入视频文件"对话框，选择相应的视频素材，如图 6-51 所示。

第06步 单击"插入"按钮，即可在母版视图中插入视频，如图 6-52 所示。

第07步 适当调整视频画面的大小，使其铺满整个页面，如图 6-53 所示。

第08步 关闭母版视频，预览静态画面效果，如图 6-54 所示。

选择

图 6-51　选择相应的视频素材

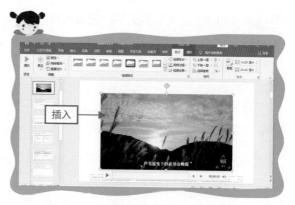

插入

图 6-52　插入视频

调整

图 6-53　调整视频画面的大小

图 6-54　预览静态画面效果

制作好视频动态背景后，放映幻灯片预览背景视频的播放效果，如图 6-55 所示。

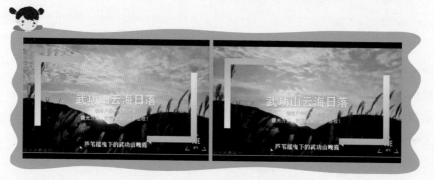

图 6-55　预览背景视频的播放效果

专家指点

可以在幻灯片中插入的视频格式有十几种，PowerPoint 支持的视频格式会随着媒体播放器的不同而不同，用户可以从剪辑管理器或者外部文件夹中添加视频。在幻灯片中选中插入的影片，功能区就将出现"视频选项"选项区，在该选项区中用户可以根据自己的需求为插入的影片设置视频连续播放或暂停效果。

实例 89 **透明色块：用形状点缀 PPT 的页面版式** ▽

在设计 PPT 的页面版式时，如果页面中有大块的图片元素，则可以借助一些透明色块来突出文字信息，同时让 PPT 更具设计感。

专家指点

用户可以先在编辑区中插入形状，然后再给形状填充相应的颜色，此时这个形状就叫做色块，如图 6-56 所示。透明色块就是带有透明效果的各种形状，观众能够看到透明色块下面的图片元素等内容，如图 6-57 所示。

图 6-56 色块

图 6-57 透明色块

下面介绍一些透明色块的设计方法。

（1）不同透明度的色块：页面中色块的颜色是相同的，但设置的透明度不一样，能够让页面的层次感更强。如图 6-58 所示，在图片上覆盖的 3 个矩形形状，其填充颜色的透明度分别为 80%、60% 和 50%，呈现出非常明显的透明过渡效果。

图 6-58　不同透明度的色块

（2）透明 + 不透明的色块组合：在同一个页面中，同时运用透明色块和不透明的色块，可以让页面更有新鲜感，如图 6-59 所示。

图 6-59　透明 + 不透明的色块组合

这种透明色块的制作过程比较简单，用户可以先在图片上插入一个较大的透明色块，设置"形状填充"颜色为黑色，然后设置相应的"透明度"参数，让色块变成半透明的效果，如图 6-60 所示。

接下来在页面中输入一些与主题图片匹配的文字效果，如图 6-61 所示。最后，在文字周围插入一些不透明的色块，对文字内容进行适当的装饰，效果如图 6-62 所示。

图 6-60　添加透明色块

图 6-61　输入文字效果

图 6-62　插入不透明的色块

专家指点

　　　　纯色透明色块给人的感觉是简洁、质朴、严谨。在欧美风格的 PPT 中，大面积的纯色填充应用较多。在制作带有图片类型的幻灯片时，用户可以通过在幻灯片中绘制各种"形状对象＋透明色块"的方式来美化幻灯片。为绘制的图形填充透明色块，可以让形状与背景有明显的区分，透明色块的不同色彩代表了不同的含义，选择颜色的主要技巧如下。

● 根据背景图片的颜色，搭配不同颜色的透明色块。

● 白色和黑色是最容易运用的色彩。

● 透明色块配色的基本规则：暖色与暖色相配，冷色与冷色相配，深色与深色相配，浅色与浅色相配。

另外，用户还可以将各种不同的透明色块形状进行组合，制作出更加大气美观的 PPT 作品。

扫码看视频	素材文件	素材 \ 第 6 章 \ 实例 89.pptx
	效果文件	效果 \ 第 6 章 \ 实例 89.pptx
	视频文件	视频 \ 第 6 章 \【实例 89】透明色块：用形状点缀 PPT 的页面版式 .mp4

第01步 在 PowerPoint 中，打开一个素材文件，如图 6-63 所示。

第02步 在编辑区中插入一个合适大小的矩形形状，如图 6-64 所示。

图 6-63 素材文件

图 6-64 插入矩形形状

第03步 在"视图"面板的"显示"选项板中选中"参考线"复选框，调整参考线的位置，如图 6-65 所示。

第04步 进入编辑顶点状态，在矩形下边线的中间位置添加一个控制点，并调整其位置，如图 6-66 所示。

图 6-65 调整参考线

图 6-66 编辑顶点

第05步 隐藏参考线，打开"设置形状格式"面板，在"填充"选项区中选中"无填充"单选按钮，在"线条"选项区中设置"颜色"为蓝色、"透明度"为60%、"宽度"为10磅，如图6-67所示。

第06步 复制形状，并适当调整其大小，如图6-68所示。

图 6-67 设置透明边线

图 6-68 复制形状

第07步 选择复制的形状，打开"设置形状格式"面板，在"填充"选项区中选中"纯色填充"单选按钮，设置"颜色"为蓝色、"透明度"为60%，如图6-69所示。

第08步 在透明色块上添加相应的文字内容，效果如图6-70所示。

图 6-69 设置透明色块

图 6-70 添加文字内容

在对 PPT 中的各个元素进行排版编辑时，使用参考线可以更快地将多种图形对齐。用户可以增加水平或垂直方向的参考线，方便各种形状整齐排列。

下面介绍使用参考线实现跨页元素对齐的操作方法。

扫码看视频	素材文件	素材\第 6 章\实例 90.pptx
	效果文件	效果\第 6 章\实例 90.pptx
	视频文件	视频\第 6 章\【实例 90】版式美化：用参考线实现跨页元素对齐 .mp4

第01步 在 PowerPoint 中，打开一个素材文件，如图 6-71 所示。

第02步 在编辑区的空白位置单击鼠标右键，在弹出的快捷菜单中选择"网格和参考线"命令，如图 6-72 所示。

图 6-71 素材文件

图 6-72 选择"网格和参考线"命令

第03步 弹出"网格和参考线"对话框，选中"对象与网格对齐"和"屏幕上显示网格"这两个复选框，如图 6-73 所示。

第04步 单击"确定"按钮，即可显示网格，用户在调整图片时可以自动对齐网格，如图6-74所示。

第05步 在编辑区的空白位置单击鼠标右键，在弹出的快捷菜单中选择"网格和参考线"|"网格线"命令，隐藏网格，再次在"网格和参考线"菜单中选择"添加垂直参考线"命令，如

图 6-75 所示。

第06步 执行操作后，即可添加一条垂直参考线，适当调整其位置，如图 6-76 所示。

图 6-73　选中相应复选框

图 6-74　显示网格

图 6-75　选择"添加垂直参考线"命令

图 6-76　调整垂直参考线

第07步 用同样的方法，添加其他的垂直参考线和水平参考线，如图 6-77 所示。

第08步 切换至幻灯片的第 2 页，可以看到此页面也自动添加了相应的参考线，如图 6-78 所示。

第09步 选择一张图片，单击鼠标左键并拖曳，在贴近参考线时会自动对齐边缘，效果如图 6-79 所示。

第10步 根据参考线调整其他图片的位置，对页面中的所有图片进行排版，并隐藏参考线，最

终效果如图 6-80 所示。

图 6-77　添加其他参考线

图 6-78　切换至幻灯片的第 2 页

图 6-79　调整图片位置

图 6-80　最终效果

实例 91　对齐分布：一键对齐页面中的多个对象 ▼

　　在幻灯片中绘制多个图形或者编辑多个图片对象时，可能会出现多个元素排列不整齐的情况，影响画面的整体效果，用户可以通过设置对齐与分布功能进行调整，快速对齐多个对象。

素材文件	素材\第6章\实例91.pptx
效果文件	效果\第6章\实例91.pptx
视频文件	视频\第6章\【实例91】对齐分布：一键对齐页面中的多个对象.mp4

第01步 在 PowerPoint 中，打开一个素材文件，如图6-81所示。

第02步 在编辑区中选择上方的4个动物图标，如图6-82所示。

图6-81 素材文件

图6-82 选择多个对象

专家指点

在"对齐"下拉列表框中除了几个"对齐"选项，还有两个分布选项：横向分布和纵向分布，使用这两个选项可以让对象均匀地排列，即等间距排列。其中，选择"横向分布"选项，将以两端的对象为总长度，使选择的对象水平等间距排列；选择"纵向分布"选项，将以两端的对象为总长度，使选择的对象垂直等间距排列。

第03步 切换至"格式"面板，在"排列"选项板中单击"对齐"按钮，在弹出的下拉菜单中选择"横向分布"命令，如图6-83所示。

第04步 执行操作后，即可设置对象横向均匀分布，如图6-84所示。

第05步 在"对齐"下拉列表框中选择"垂直居中"选项，即可让所选对象垂直居中对齐，如图6-85所示。

第06步 用同样的操作方法，对齐分布其他对象，效果如图6-86所示。

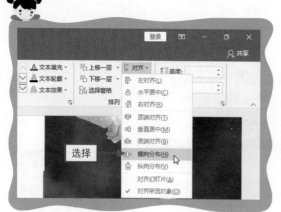

图 6-83　选择"横向分布"命令

图 6-84　横向均匀分布

图 6-85　垂直居中对齐

图 6-86　调整其他对象效果

专家指点

　　将鼠标放置在幻灯片的空白处，然后单击鼠标左键并拖曳，在拖曳的过程中完全框选的对象将被选中。

实例 92　导航系统：让 PPT 的逻辑结构更加清晰 ▽

第 1 章介绍了很多导航系统的设计方法，导航系统的主要功能就是让 PPT 演示文稿的结构更加清晰。导航系统通常被设计在 PPT 的四周，如左侧、右侧、底部或顶端等位置，如图 6-87 所示。

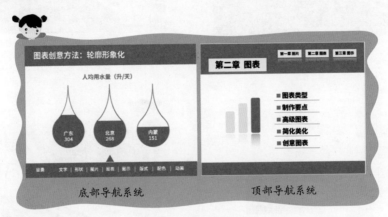

底部导航系统　　　　　顶部导航系统

图 6-87　PPT 导航系统

下面介绍利用导航系统实现 PPT 逻辑结构更清晰的方法。

扫码看视频	素材文件	素材 \ 第 6 章 \ 实例 92.pptx
	效果文件	效果 \ 第 6 章 \ 实例 92.pptx
	视频文件	视频 \ 第 6 章 \【实例 92】导航系统：让 PPT 的逻辑结构更加清晰 .mp4

第01步 在 PowerPoint 中，打开一个素材文件，如图 6-88 所示。

第02步 选择相应的文本框，单击鼠标右键，在弹出的快捷菜单中选择"超链接"命令，如图 6-89 所示。

第03步 弹出"插入超链接"对话框，切换至"本文档中的位置"选项卡，在"请选择文档中的位置"列表框中选择第 1 张幻灯片，如图 6-90 所示。

第04步 单击"确定"按钮，即可插入超链接，将鼠标移至文本框上方时，会显示对应的链接页面，

如图 6-91 所示。

图 6-88　素材文件

图 6-89　选择"超链接"命令

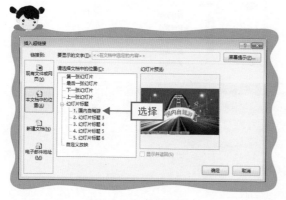

图 6-90　设置超链接

图 6-91　显示对应的链接页面

第05步 用同样的方法，为其他导航标签添加超链接，如图 6-92 所示。

第06步 复制导航标签文本框，将其粘贴到其他页面中，如图 6-93 所示。

专家指点

超链接是指向特定位置或文件的一种链接方式，可以利用它指定程序的跳转位置。

图 6-92　添加其他超链接

图 6-92　复制导航标签

第07步 保存并放映幻灯片，单击相应的导航标签，如图 6-94 所示。

第08步 执行操作后，即可跳转到对应的幻灯片页面，效果如图 6-95 所示。

图 6-94　单击导航标签

图 6-95　跳转到对应的幻灯片页面

实例93　目录设计：让观众快速了解PPT的内容 ▽

　　对于内容较多，层次比较深的 PPT 演示文稿来说，通常需要设计一个目录页面，以告诉大家你要讲述的主要内容。如图 6-96 所示，就是一个比较常用的 PPT 目录版式效果，这种目

录虽然在设计上比较普通，但在结构上却很清晰，而且用不同的颜色和字号来突出重点信息，将 PPT 要呈现的内容一一罗列出来，观众能够快速了解 PPT 制作者想要表达的内容。

在设计 PPT 目录时，用户可以突出展现目录标题的序号，如通过放大数字的字号、设置更加亮眼的颜色、对数字进行创意设计或者添加背景图片等，来展现目录的逻辑性，同时美化目录结构，如图 6-97 所示。

图 6-96　常用的 PPT 目录版式

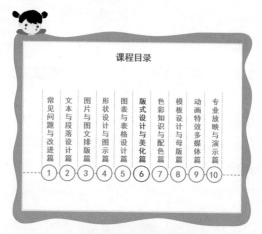

图 6-97　突出展现目录标题的序号

专家指点

在目录页面中，可以添加一个跟主题相关的背景图片，或者在每个标题前添加图标，同时在转场的时候通过放大这些图片或图标，来凸显相应的章节主题，帮助观众更好地记忆目录内容。

如图 6-98 所示，在目录中添加大量的引导线条，可以让观众顺着这些线条理清目录大纲的学习顺序，同时对于观众记忆和理解 PPT 目录来说会更加得心应手。

用户也可以在目录页面中不使用数字，而直接用线框来框住目录内容，或者用色块作为目录背景，同样可以将不同的要点区分开，如图 6-99 所示。

图 6-98　在目录中添加线条

图 6-99　用色块来代替数字

专家指点

用色块来填充目录，适合章节标题不多的 PPT，这样设计的页面会更加美观。如果章节标题比较多，超过了 5 个，则用色块就会显得比较混乱。

下面介绍设计 PPT 目录的操作方法。

扫码看视频	素材文件	素材 \ 第 6 章 \ 实例 93.pptx
	效果文件	效果 \ 第 6 章 \ 实例 93.pptx
	视频文件	视频 \ 第 6 章 \【实例 93】目录设计：让观众快速了解 PPT 的内容 .mp4

第01步 在 PowerPoint 中，打开一个素材文件，如图 6-100 所示。

第02步 在编辑区中插入一个正圆图形，并设置"形状填充"为"无填充"、"形状轮廓"的"粗细"为 1.5 磅，效果如图 6-101 所示。

第03步 复制圆环图形，并插入一个合适大小的波形图形，如图 6-102 所示。

第04步 先选中波形图形，再按住 Ctrl 键的同时选中正圆图形，如图 6-103 所示。

第05步 切换至"绘图工具"的"格式"面板，在"插入形状"选项板中的"合并形状"下拉

菜单中选择"相交"命令，即可裁剪图形，效果如图 6-104 所示。

第06步 调整复制的圆环图形位置，并与裁剪后的波形组合在一起，将其调整至文字下方，作为目录标题的底图，效果如图 6-105 所示。

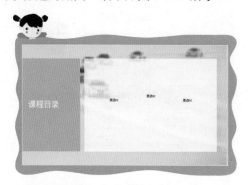

图 6-100　打开素材文件

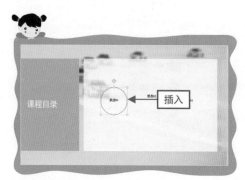

图 6-101　插入正圆图形

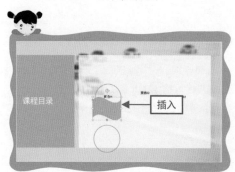

图 6-102　插入波形图形

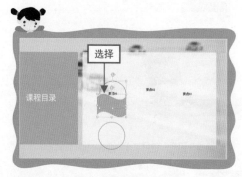

图 6-103　选中相应图形

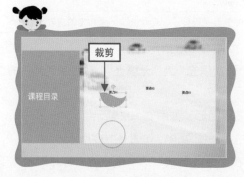

图 6-104　裁剪图形

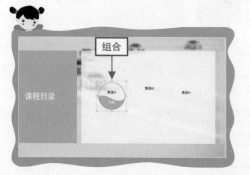

图 6-105　组合图形

第07步 复制组合后的图形，适当调整其位置，效果如图 6-106 所示。

第08步 用同样的操作方法，适当调整波形大小，制作其他标题的底图，效果如图 6-107 所示。

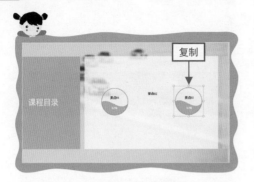

图 6-106　复制图形

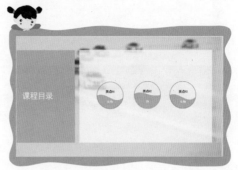

图 6-107　制作其他标题的底图

实例94 高效排版：通过占位符对版式进行固定 ▼

　　占位符是一种带有虚线边框的方框，可以插入文字、图形和图片等内容，而且用户可以在占位符中预设对象的外形、属性和样式，能够让用户在进行 PPT 排版设计时效率更高。

　　下面介绍通过占位符对版式进行固定的操作方法。

素材文件	素材 \ 第 6 章 \ 实例 94.pptx、实例 94（1）.jpg、实例 94（2）.jpg、实例 94（3）.jpg
效果文件	效果 \ 第 6 章 \ 实例 94.pptx
视频文件	视频 \ 第 6 章 \【实例 94】高效排版：通过占位符对版式进行固定 .mp4

第01步 在 PowerPoint 中，打开一个素材文件，如图 6-108 所示。

第02步 切换至"视图"面板，在"母版视图"选项板中单击"幻灯片母版"按钮，进入幻灯片母版视图编辑模式，如图 6-109 所示。

第03步 在"幻灯片母版"面板的"母版版式"选项板中，单击"插入占位符"按钮，在弹出的下拉列表框中选择"图片"选项，如图 6-110 所示。

第04步 在编辑区中的合适位置插入一个相应大小的图片占位符，如图 6-111 所示。

图 6-108　素材文件

图 6-109　幻灯片母版视图

图 6-110　选择"图片"选项

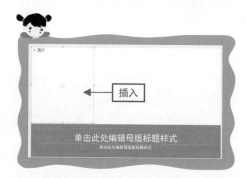

图 6-111　插入图片占位符

第05步 复制两个占位符，并适当调整位置，效果如图 6-112 所示。

第06步 关闭母版视图，在普通视图下的编辑区空白位置单击鼠标右键，在弹出的快捷菜单中选择"版式"|"包含图片的标题幻灯片"命令，如图 6-113 所示。

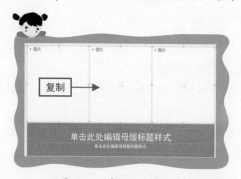

图 6-112　复制两个占位符

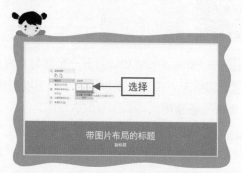

图 6-113　选择版式

第07步 执行操作后，即可显示插入的图片占位符，效果如图 6-114 所示。

第08步 单击图片占位符中间的图片按钮 ，即可插入相应的图片，效果如图 6-115 所示。

图 6-114 显示图片占位符

图 6-115 插入相应的图片

专家指点

占位符在 PPT 中的表现就是一个虚线的框，它通过先占据某个固定位置，然后由创作者往其中添加内容。

第09步 继续在占位符中插入图片，然后在图片上单击鼠标右键，在弹出的快捷菜单中选择"裁剪"命令，对图片进行适当裁剪，如图 6-116 所示。

第10步 用同样的操作方法，插入其他图片，效果如图 6-117 所示。

图 6-116 裁剪图片

图 6-117 插入其他图片

在设计 PPT 的页面版式时，用户不必拘泥于一些条条框框的限制，可以大胆地进行创意设计，将文字和图形等元素突破框界，让页面的层次感更强，同时视觉效果更加鲜活。

下面介绍突破框界的操作技巧。

扫码看视频	素材文件	素材 \ 第 6 章 \ 实例 95.pptx
	效果文件	效果 \ 第 6 章 \ 实例 95.pptx
	视频文件	视频 \ 第 6 章 \【实例 95】突破框界：让 PPT 的页面版式更加鲜活 .mp4

第01步 在 PowerPoint 中，打开一个素材文件，如图 6-118 所示。

第02步 在编辑区中选择相应的文本框，切换至 "格式" 面板，在 "艺术字样式" 下拉列表框中选择相应的艺术字样式，如图 6-119 所示。

图 6-118　素材文件

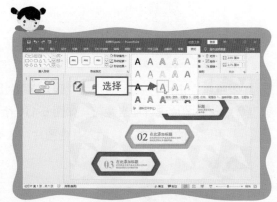

图 6-119　选择相应的艺术字样式

第03步 在 "开始" 面板的 "字体" 选项板中，设置 "字号" 为 96，如图 6-120 所示。

第04步 适当调整文本框的大小和位置，效果如图 6-121 所示。

第05步 为数字 02 设置同样的艺术字样式效果，并设置 "字号" 为 80，适当调整文本框的大小和位置，效果如图 6-122 所示。

第06步 为数字 01 设置同样的艺术字样式效果，并设置 "字号" 为 66，适当调整文本框的大小和位置，效果如图 6-123 所示。

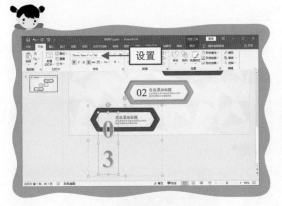

图 6-120 设置字号

图 6-121 调整文本框

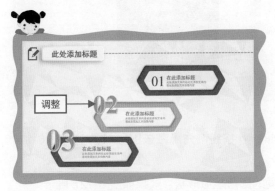

图 6-122 调整数字 02

图 6-123 调整数字 01

实例 96 虚实结合：让页面的重点内容更加突出

在设计 PPT 的版面内容时，用户可以运用虚实结合的排版方式，将想要表达和展现的重点内容用清晰的形式呈现，而不需要重点展现的内容则可以虚化处理，从而让 PPT 与众不同。

下面介绍制作虚实结合的页面版式的操作技巧。

扫码看视频	素材文件	素材 \ 第 6 章 \ 实例 96.pptx
	效果文件	效果 \ 第 6 章 \ 实例 96.pptx
	视频文件	视频 \ 第 6 章 \【实例 96】虚实结合：让页面的重点内容更加突出 .mp4

第01步 在 PowerPoint 中，打开一个素材文件，如图 6-124 所示。

第02步 打开"选择"面板，选择并复制背景图片，并将其调整至编辑区下方，作为备用的背景图片，如图 6-125 所示。

图 6-124　素材文件

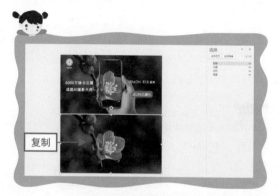

图 6-125　复制背景图片

第03步 在"选择"面板中，单击相应图层右侧的 👁 按钮，先隐藏该图层对象，如图 6-126 所示。

第04步 在编辑区中插入一个与手机屏幕大小相同的圆角矩形形状，效果如图 6-127 所示。

第05步 先选中背景图片，再按住 Ctrl 键的同时选中圆角矩形形状，如图 6-128 所示。

第06步 切换至"绘图工具"的"格式"面板，在"插入形状"选项板的"合并形状"下拉菜单中选择"相交"命令，即可裁剪背景图片，效果如图 6-129 所示。

专家指点

　　在 PPT 中，对于插入的图片，如果用户觉得不够漂亮、不够恰当，又恰好看到一张更好、更合适的图片，则可以将其快速替换。在编辑区中，选择相应图片，单击鼠标右键，在弹出的快捷菜单中，选择"更改图片"选项，弹出"插入图片"对话框，选择用于替换的图片，单击"插入"按钮，即可快速替换图片。

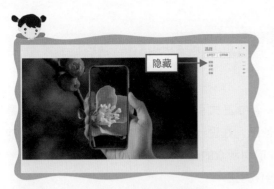

图 6-126 隐藏图层对象

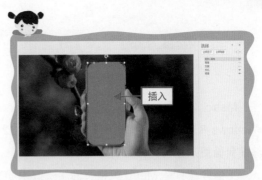

图 6-127 插入圆角矩形形状

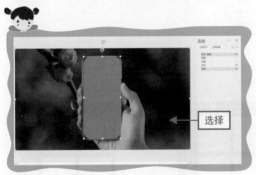

图 6-128 选中相应对象

图 6-129 裁剪背景图片

第07步 显示复制的背景图片，并将其调整至合适位置，添加"虚化"艺术效果，并设置"半径"为 50，虚化背景图片，效果如图 6-130 所示。

第08步 显示文案素材，并将虚化后的背景图片置于底层，效果如图 6-131 所示。

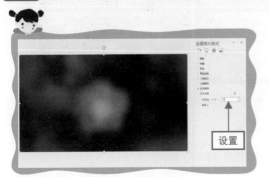

图 6-130 虚化背景图片

图 6-131 最终效果

实例 97　网格图文：打造 Metro 风格的页面版式

Metro（美俏）是微软在 Windows Phone 7 中正式引入的一种界面设计语言，也是 Windows 8 的主要界面显示风格，如图 6-132 所示。在设计 PPT 版式时借鉴 Metro 风格，能够使界面更加整齐，并且更好地展示重要信息，吸引观众的注意力。

下面介绍打造 Metro 风格页面版式效果的操作方法。

扫码看视频	素材文件	素材 \ 第 6 章 \ 实例 97.pptx
	效果文件	效果 \ 第 6 章 \ 实例 97.pptx
	视频文件	视频 \ 第 6 章 \【实例 97】网格图文：打造 Metro 风格的页面版式 .mp4

图 6-132　Metro 风格的系统界面

第01步　在 PowerPoint 中，打开一个素材文件，如图 6-133 所示。

第02步 在编辑区中插入一个3行6列的表格，并在"表格工具 - 设计"面板中设置"笔划粗细"为3.0磅、"边框"为"内部线框"，效果如图6-134所示。

图 6-133 素材文件

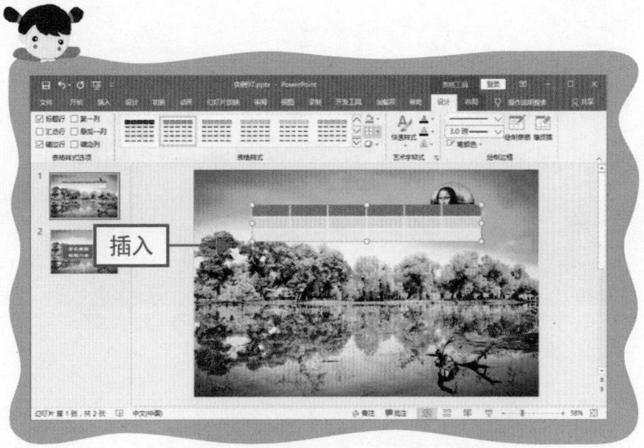

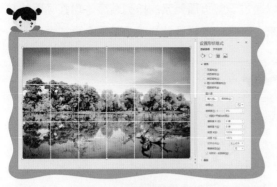

图 6-134 插入表格

第03步 复制背景图片，适当调整表格的大小，使其覆盖整个页面，并使用背景图片填充表格，效果如图6-135所示。

第04步 选择相应的单元格，单击鼠标右键，在弹出的快捷菜单中选择"合并单元格"命令，并设置合并后的单元格背景颜色为蓝色，效果如图6-136所示。

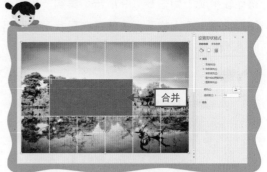

图 6-135 用图片填充表格

图 6-136 合并单元格

第05步 在单元格中输入相应文字，设置合适的字号和对齐方式，效果如图6-137所示。

第06步 将表格对象下移一层，显示Logo图片，效果如图6-138所示。

图 6-137　输入相应文字

图 6-138　调整图层顺序

实例 98　增强层次：让页面版式效果更生动立体 ▽

在制作有人物对象的 PPT 页面时，通常人物和其他元素都是被局限在形状内部，画面显得比较平淡，如图 6-139 所示。其实，用户可以通过调整页面元素的排列顺序，增强画面的整体层次感，让人物看上去像是在形状中"跃出来"一样，这样设计的版式效果会更加生动，如图 6-140 所示。

图 6-139　人物被局限在形状里

图 6-140　人物从形状框中"跃出来"

下面介绍制作人物从形状框中"跃出来"的生动版式效果的操作方法。

扫码看视频	素材文件	素材 \ 第 6 章 \ 实例 98.pptx、实例 98.png
	效果文件	效果 \ 第 6 章 \ 实例 98.pptx
	视频文件	视频 \ 第 6 章 \【实例 98】增强层次：让页面版式效果更生动立体 .mp4

第01步 在 PowerPoint 中，打开一个素材文件，如图 6-141 所示。

第02步 在编辑区中插入一张人物素材图片，并适当调整图片大小，效果如图 6-142 所示。

图 6-141　素材文件　　　　　　　　　　图 6-142　插入图片

第03步 切换至"图片工具"中的"格式"面板，单击"调整"选项板中的"颜色"按钮，在弹出的下拉菜单中选择"设置透明色"命令，使用透明色工具单击要删除的图片背景部分，将其置于底层，如图 6-143 所示。

第04步 在人物上方插入一条直线形状，如图 6-144 所示。

图 6-143　删除人物背景　　　　　　　　图 6-144　插入直线形状

第05步 打开"设置形状格式"面板，在"线条"选项区中选中"渐变线"单选按钮，并设置"宽度"为 12 磅，效果如图 6-145 所示。

第06步 设置线条的"预设渐变"为"底部聚光灯 - 个性色 1"、"类型"为"线性"，并适当调整渐变光圈的颜色，效果如图 6-146 所示。

图 6-145　设置直线宽度

图 6-146　设置渐变色

第07步 复制两条直线形状，并适当调整其角度和位置，同时为直线添加阴影效果，如图 6-147 所示。

第08步 选择相应直线形状，打开"选择"面板，适当调整图层顺序，最终效果如图 6-148 所示。

图 6-147　复制并调整直线

图 6-148　最终效果

第7章
画面切换：

学习提示

　　PPT 提供了多种放映和控制幻灯片的方法，用户可以为幻灯片中的文本、图形或表格等对象设置不同的动画效果，同时还可以设置幻灯片的切换效果，使幻灯片的放映过程变得更加活泼、生动。

本章案例导航

■ 触发器：满足特定条件时触发动画效果　　■ 滚动星球：制作星空演示 PPT 动态效果

■ 卷轴展开：从中间慢慢展开的动画效果　　■ 翻书效果：制作模拟翻书动态切换效果

■ 电影胶卷：制作胶片平滚式的动画效果　　■ 快闪动画：制作极具动感创意的快闪 PPT

　　　　　　　　　　　　　　　　　　......

体验高空滑翔，太刺激了！

实例 99　进入动画：添加 PPT 入场时的动画效果 ▽

　　进入动画是指进入到某个 PPT 页面后，其中的文本、图形、图片等元素，从隐藏到开始出现这个过程中使用的动画过渡形式及多媒体素材，从无到有、陆续出现的动画效果。

　　下面介绍设置 PPT 进入动画的操作方法。

扫码看视频	素材文件	素材 \ 第 7 章 \ 实例 99.pptx
	效果文件	效果 \ 第 7 章 \ 实例 99.pptx
	视频文件	视频 \ 第 7 章 \【实例 99】进入动画：添加 PPT 入场时的动画效果 .mp4

第01步　在 PowerPoint 中，打开一个素材文件，如图 7-1 所示。

第02步　在编辑窗口中，选择需要设置动画的对象，如图 7-2 所示。

图 7-1　素材文件　　　　　图 7-2　选择需要设置动画的对象

第03步　切换至"动画"面板，在"动画"选项板中，单击"其他"按钮，弹出下拉菜单，在其中选择"更多进入效果"命令，如图 7-3 所示。

第04步　弹出"更改进入效果"对话框，在"华丽"选项区中，选择"弹跳"选项，如图 7-4 所示。

第05步　单击"确定"按钮，即可为幻灯片中的对象添加"弹跳"动画效果，单击"预览"按钮，预览动画效果，如图 7-5 所示。

图 7-3　选择"更多进入效果"命令

图 7-4　"更改进入效果"对话框

图 7-5　预览动画效果

　　在"动画"选项板中的"其他"下拉列表框中，系统保存了 13 种进入动画效果，如图 7-6 所示。如果用户需要查看全部的进入效果，则可以选择"更多进入效果"选项，在弹出的"更改进入效果"对话框中查看。

图 7-6　进入动画效果

总体来说，"更改进入效果"对话框中包括以下 4 大类型的动画效果。

● 基本型：此种类型是最常用的，在动作过程中，对象所占版面的位置不会发生变化。

● 细微型：此种类型的动画效果不是特别明显。

● 温和型：此种类型的动画效果适中。

● 华丽型：此种类型的动作比较夸张，动画幅度较大，变形明显。

专家指点

需要注意的是，有些动画效果不适用于所选的图形，所以会显示为灰色，无法进行选择。

实例 100　退出动画：对象从有到无、逐渐消失

退出动画与进入动画是相反的过程，即 PPT 页面中的各种元素从显示到隐藏的过程中使用的动画过渡形式，可以让画面切换效果更加连贯。

下面介绍设置 PPT 退出动画效果的操作方法。

	素材文件	素材 \ 第 7 章 \ 实例 100.pptx
	效果文件	效果 \ 第 7 章 \ 实例 100.pptx
	视频文件	视频 \ 第 7 章 \【实例 100】退出动画：对象从有到无、逐渐消失 .mp4

第01步 在 PowerPoint 中，打开一个素材文件，如图 7-7 所示。

第02步 在编辑窗口中，选择需要设置动画的对象，如图 7-8 所示。

图 7-7 打开素材文件　　　　　　　　　　　　图 7-8 选择需要设置动画的对象

第03步 切换至"动画"面板，在"动画"选项板中，单击"其他"按钮，弹出下拉菜单，在其中选择"更多退出效果"命令，如图 7-9 所示。

第04步 弹出"更改退出效果"对话框，在"华丽"选项区中，选择"螺旋飞出"选项，如图 7-10 所示。

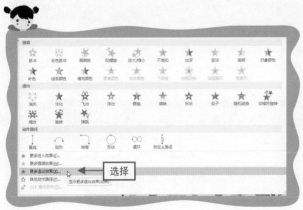

图 7-9 选择"更多退出效果"选项　　　　　　　图 7-10 "更改退出效果"对话框

第05步 单击"确定"按钮，即可为幻灯片中的对象添加"螺旋飞出"退出动画效果，单击"预览"按钮，预览动画效果，如图 7-11 所示。

图 7-11　预览动画效果

实例 101　触发器：满足特定条件时触发动画效果 ▼

触发器动画不像普通动画那样会按照序列一个个地自动播放，而是只有在满足设置的触发条件时才会播放。当用户需要重复展示一个动画效果时，即可使用"触发"功能，重复展示想要表达的内容。

下面介绍设置触发器动画效果的操作方法。

扫码看视频	素材文件	素材 \ 第 7 章 \ 实例 101.pptx
	效果文件	效果 \ 第 7 章 \ 实例 101.pptx
	视频文件	视频 \ 第 7 章 \【实例 101】触发器：满足特定条件时触发动画效果 .mp4

第01步 在 PowerPoint 中，打开一个素材文件，如图 7-12 所示。

第02步 在编辑窗口中，选择需要设置动画的对象，如图 7-13 所示。

图 7-12 素材文件

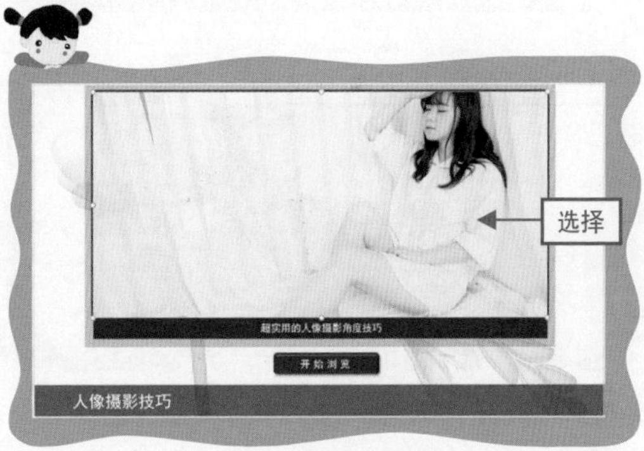

图 7-13 选择需要设置动画的对象

第03步 切换至"动画"面板，在"动画"选项板中，单击"其他"按钮，在弹出的下拉菜单中选择"进入 - 随机线条"命令，如图 7-14 所示。

第04步 执行操作后，即可为图片添加"随机线条"进入动画效果，如图 7-15 所示。

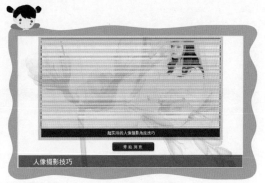

图 7-14 选择"进入 - 随机线条"选项

图 7-15 添加"随机线条"进入动画效果

第05步 选择动画元素，在"高级动画"选项板中单击"触发"按钮，在弹出的下拉菜单中选择"通过单击" | "矩形：圆角"命令，如图 7-16 所示。

第06步 预览幻灯片，可以看到图片占位符中的图片没有显示出来，如图 7-17 所示。

图 7-16　选择相应命令

图 7-17　预览幻灯片

第07步 单击圆角矩形按钮，即可通过"随机线条"的动画形式将图片展现出来，多次单击该
按钮可以重复播放动画，效果如图 7-18 所示。

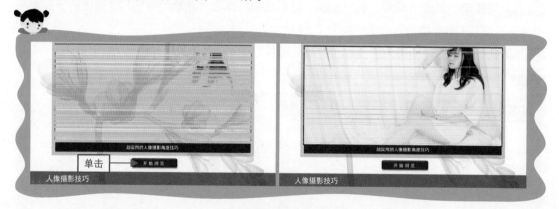

图 7-18　预览动画效果

实例102 图片动画：单击小图即可出现相应大图 ▼

用户可以巧妙地运用动画触发器，制作出各种酷炫的图片动画效果。例如，下面这个动画，

用户只需用鼠标单击页面左侧的烟花缩略图，页面右侧即可显示对应的烟花大图，这种动画演示效果非常惊艳，如图 7-19 所示。

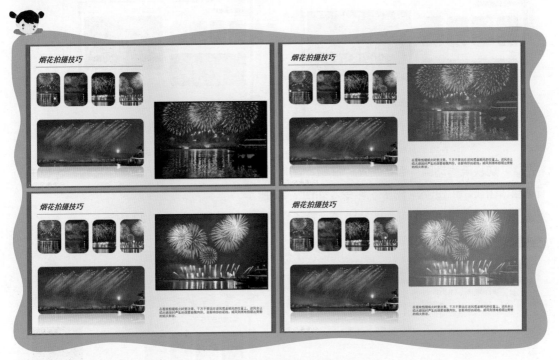

图 7-19　预览动画效果

下面介绍利用动画触发器制作多图片切换展现动画效果的操作方法。

扫码看视频	素材文件	素材 \ 第 7 章 \ 实例 102.pptx
	效果文件	效果 \ 第 7 章 \ 实例 102.pptx
	视频文件	视频 \ 第 7 章 \【实例 102】图片动画：单击小图即可出现相应大图 .mp4

第01步 在 PowerPoint 中，打开一个素材文件，如图 7-20 所示。

第02步 打开"选择"面板，配合图层功能在操作相应图片时先隐藏不需要操作的图片，以方便于添加和观察动画效果，在编辑窗口中选择需要设置动画效果的对象，如图 7-21 所示。

图 7-20　素材文件

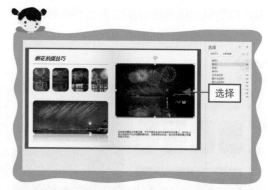

图 7-21　选择需要设置动画的对象

第03步 切换至"动画"面板，在"高级动画"选项板中，单击"添加动画"按钮，在弹出的下拉菜单中选择"进入 - 轮子"命令，如图 7-22 所示。

第04步 执行操作后，即可为图片添加"轮子"进入动画效果，如图 7-23 所示。

图 7-22　选择"轮子"选项

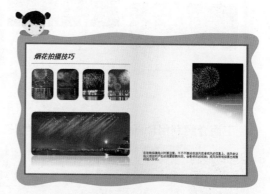

图 7-23　添加"轮子"进入动画效果

第05步 再次单击"添加动画"按钮，在弹出的下拉菜单中选择"退出 - 擦除"命令，如图 7-24 所示。

第06步 执行操作后，即可为图片添加"擦除"退出动画效果，如图 7-25 所示。

第07步 选择图片，在"高级动画"选项板中单击"触发"按钮，在弹出的下拉菜单中选择"通过单击"|"图片占位符 2"命令，如图 7-26 所示。

第08步 执行操作后，即可设置触发器动画，图片的动画序列上会出现黄色的闪电图标，如图 7-27 所示。

图 7-24 选择"擦除"命令　　　　　　　　　　图 7-25 添加"擦除"退出动画效果

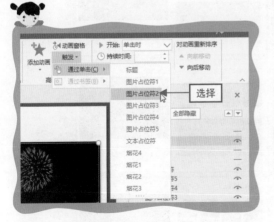

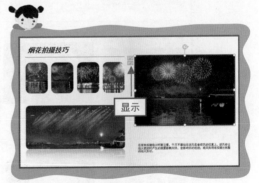

图 7-26 选择"图片占位符 2"命令　　　　　　图 7-27 显示黄色的闪电图标

第09步 在"选择"面板中隐藏制作好触发器动画效果的图片，并显示需要制作触发器动画效果的图片，如图 7-28 所示。

第10步 用同样的操作方法，为图片设置触发器动画效果，如图 7-29 所示。

第11步 显示所有对象，放映幻灯片，预览制作好的触发器动画效果，如图 7-30 所示。

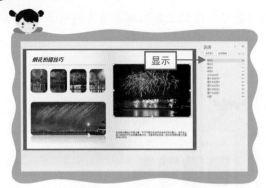

图 7-28　显示相应对象

图 7-29　设置触发器动画效果

图 7-30　预览制作好的触发器动画效果

实例 103 卷轴展开：从中间慢慢展开的动画效果 ▼

卷轴是中国书画中常用的一种装裱形式，在 PPT 中我们也可以制作卷轴从中间慢慢展开的动画效果，可以让演示文稿变得更加精美和生动。

下面介绍利用 PPT 制作卷轴展开动画效果的操作方法。

扫码看视频	素材文件	素材 \ 第 7 章 \ 实例 103.pptx
	效果文件	效果 \ 第 7 章 \ 实例 103.pptx
	视频文件	视频 \ 第 7 章 \【实例 103】卷轴展开：从中间慢慢展开的动画效果 .mp4

第01步 在 PowerPoint 中，打开一个素材文件，如图 7-31 所示。

第02步 选择图片对象，切换至"格式"面板，在"图片样式"选项板的"其他"下拉菜单中选择"金属框架"命令，如图 7-32 所示。

图 7-31 素材文件

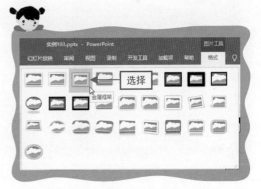

图 7-32 选择"金属框架"命令

第03步 执行操作后，即可为图片添加边框效果，如图 7-33 所示。

第04步 切换至"动画"面板，在"动画"选项板中，单击"其他"按钮，弹出下拉菜单，在其中选择"劈裂"命令，如图 7-34 所示。

第05步 在"动画"选项板中，单击"效果选项"按钮，弹出下拉菜单，在其中选择"中央向左右展开"命令，如图 7-35 所示。

第06步 在"计时"选项板中，设置"开始"为"与上一动画同时"、"持续时间"为05.00、"延迟"为00.50，如图 7-36 所示。

图 7-33　添加边框效果

图 7-34　选择"劈裂"命令

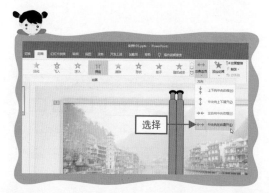

图 7-35　选择"中央向左右展开"命令

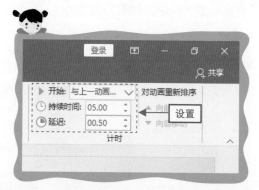

图 7-36　设置"计时"选项

第07步 执行操作后，即可为图片添加"劈裂"动画效果，如图 7-37 所示。

第08步 选择左侧的卷轴图形，在"动画"选项板中单击"其他"按钮，在弹出的下拉菜单中选择"其他动作路径"命令，弹出"更改动作路径"对话框，在"直线和曲线"选项区中选择"向左"选项，如图 7-38 所示。

第09步 单击"确定"按钮，添加直线动作路径，如图 7-39 所示。

258

第10步 向左拖曳红色小圆圈，适当调整直线动作路径终点的位置，如图 7-40 所示。

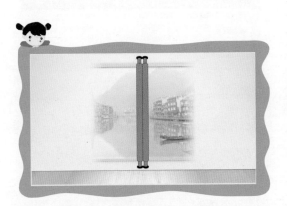

图 7-37　添加"劈裂"动画效果

图 7-38　设置动作路径

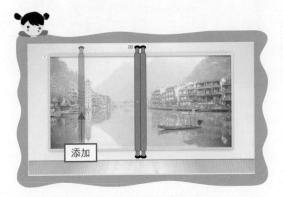

图 7-39　添加直线动作路径（1）

图 7-40　调整直线动作路径

第11步 用同样的方法，为右侧卷轴添加直线动作路径，并设置相应的直线动作路径方向和长度，如图 7-41 所示。

第12步 同时选中两个卷轴图形，在"计时"选项板中，设置"开始"为"与上一动画同时"、"持续时间"为 05.00、"延迟"为 00.00，如图 7-42 所示。

第13步 播放幻灯片，预览卷轴展开动画效果，如图 7-43 所示。

图 7-41 添加直线动作路径（2）

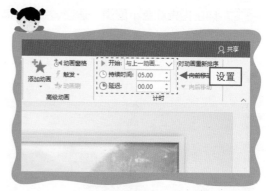

图 7-42 设置卷轴图形的"计时"选项

图 7-43 预览动画效果

实例104 电影胶卷：制作胶片平滚式的动画效果 ▽

老式的电影都是胶片式的，我们在 PPT 中也可以制作出类似的电影胶卷动画效果，让作品更有年代感。

下面介绍利用 PPT 制作电影胶卷动画效果的操作方法。

扫码看视频	素材文件	素材 \ 第 7 章 \ 实例 104.pptx
	效果文件	效果 \ 第 7 章 \ 实例 104.pptx
	视频文件	视频 \ 第 7 章 \【实例 104】电影胶卷：制作胶片平滚式的动画效果 .mp4

第01步 在 PowerPoint 中，打开一个素材文件，如图 7-44 所示。

第02步 在编辑区中插入一个长度为幻灯片两倍长的矩形形状，并设置"形状填充"为黑色、"形状轮廓"为"无轮廓"，如图 7-45 所示。

图 7-44 素材文件

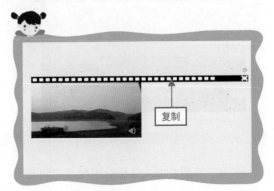

图 7-45 插入矩形形状

第03步 在编辑区中插入一个圆角矩形形状，并设置"形状填充"为白色、"形状轮廓"为"无轮廓"，如图 7-46 所示。

第04步 水平复制圆角矩形为偶数个，如图 7-47 所示。

图 7-46 插入圆角矩形形状

图 7-47 复制圆角矩形

第05步 选择全部圆角矩形形状，在"格式"面板的"排列"选项板中，单击"对齐"按钮，在弹出的下拉菜单中选择"横向分布"命令，如图 7-48 所示。

第06步 同时选择矩形形状和所有的圆角矩形形状，将其组合为一个图形对象，如图 7-49 所示。

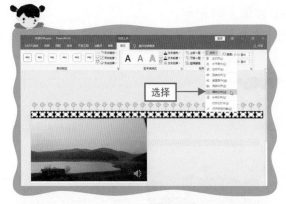

图 7-48 横向分布排列

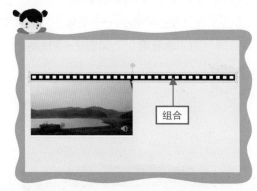

图 7-49 组合图形对象

第07步 切换至"动画"面板，为组合后的图形对象添加一个"向左"的直线动作路径，如图 7-50 所示。

第08步 向左拖曳红色小圆圈，适当调整直线动作路径终点的位置，如图 7-51 所示。

图 7-50 添加直线动作路径

图 7-51 调整直线动作路径终点的位置

第09步 在"高级动画"选项板中单击"动画窗格"按钮，打开"动画窗格"面板，单击"向左"动画右侧的下三角按钮，在弹出的下拉列表中选择"效果选项"选项，如图 7-52 所示。

第10步 弹出"向左"对话框，设置"平滑开始"和"平滑结束"均为 0 秒，如图 7-53 所示。

图 7-52 选择"效果选项"选项

图 7-53 设置"效果"选项

第11步 切换至"计时"选项卡，设置"开始"为"与上一动画同时"、"重复"为"直到幻灯片末尾"，如图 7-54 所示。单击"确定"按钮完成设置。

第12步 复制电影胶卷图形，并适当调整其位置，效果如图 7-55 所示。

图 7-54 设置"计时"选项

图 7-55 复制电影胶卷图形

第13步 播放幻灯片，预览电影胶卷动画效果，如图 7-56 所示。

图 7-56　预览动画效果

实例 105　滚动字幕：制作向上方滚动的字幕效果 ▼

很多电影和电视剧的结尾都有滚动的字幕效果，看上去非常炫酷、时尚，其实我们用 PPT 就可以很轻松地做出来，下面介绍具体的操作方法。

素材文件	素材 \ 第 7 章 \ 实例 105.pptx
效果文件	效果 \ 第 7 章 \ 实例 105.pptx
视频文件	视频 \ 第 7 章 \【实例 105】滚动字幕：制作向上方滚动的字幕效果 .mp4

第01步 在 PowerPoint 中，打开一个素材文件，如图 7-57 所示。

第02步 在编辑区中选择相应的文字对象，如图 7-58 所示。

图 7-57　素材文件

图 7-58　选择相应的文字对象

第03步 切换至"动画"面板，在"动画"选项板中的"其他"下拉菜单中选择"更多进入效果"命令，弹出"更改进入效果"对话框，在"华丽"选项区中选择"字幕式"选项，如图 7-59 所示。

第04步 打开"动画窗格"面板，单击相应选项右侧的下三角按钮，在弹出的下拉列表中选择"计时"选项，弹出"字幕式"对话框，设置"开始"为"与上一动画同时"、"重复"为"直到幻灯片末尾"，如图 7-60 所示。单击"确定"按钮完成设置。

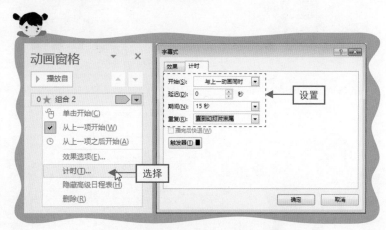

图 7-59　选择"字幕式"选项　　　　　　　　　图 7-60　设置"计时"选项

第05步 在字幕上方插入一个合适大小的矩形形状，如图 7-61 所示。

第06步 打开"设置形状格式"面板，在"填充"选项区中选中"幻灯片背景填充"单选按钮，效果如图 7-62 所示。

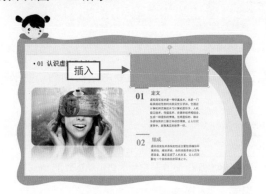
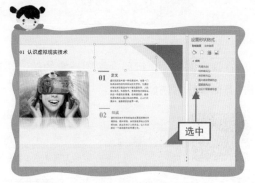

图 7-61　插入矩形形状　　　　　　　　　图 7-62　用幻灯片背景填充矩形形状

第07步 单击"预览"按钮，预览滚动字幕动画效果，如图 7-63 所示。

图 7-63　预览动画效果

专家指点

在 PowerPoint 中，动画效果可以设置"计时"选项，如设置延迟的时间、转换快慢的时间等，让幻灯片演示更接近用户需要的效果。用户可以对幻灯片中的内容进行设置，按系列、类别或元素来放映。

实例 106　滚动星球：制作星空演示 PPT 动态效果 ▼

在该实例中，小行星会按照一定的轨道绕着蓝色星球不断旋转，主要用路径动画功能来制作，具体操作方法如下。

扫码看视频	素材文件	素材＼第 7 章＼实例 106.pptx
	效果文件	效果＼第 7 章＼实例 106.pptx
	视频文件	视频＼第 7 章＼【实例 106】滚动星球：制作星空演示 PPT 动态效果 .mp4

第01步 在 PowerPoint 中，打开一个素材文件，如图 7-64 所示。

第02步 在编辑区中选择椭圆图形对象，如图 7-65 所示。

图 7-64 素材文件

图 7-65 选择椭圆图形对象

第03步 切换至"动画"面板，在"动画"选项板中的"其他"下拉菜单中选择"动作路径 - 自定义路径"命令，如图 7-66 所示。

第04步 沿着小行星所在的轨道绘制一个圆环形路径，如图 7-67 所示。

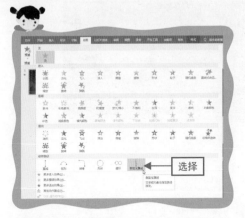

图 7-66 选择"动作路径 - 自定义路径"命令

图 7-67 绘制圆环形路径

第05步 打开"动画窗格"面板，单击相应选项右侧的下三角按钮，在弹出的下拉列表中选择"从上一项开始"选项，如图 7-68 所示。

第06步 打开"自定义路径"对话框，在"计时"选项卡中设置"期间"为"20 秒（非常慢）"、"重复"为"直到幻灯片末尾"，如图 7-69 所示。单击"确定"按钮完成设置。

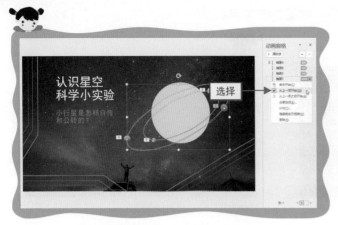

图 7-68　选择"从上一项开始"选项　　　　　图 7-69　设置"计时"选项

第07步 单击"预览"按钮，预览滚动星球动画效果，如图 7-70 所示。

图 7-70　预览滚动星球动画效果

实例 **107**　　翻书效果：制作模拟翻书动态切换效果 ▽

　　页面切换动画主要是为了改善 PPT 页面之间转换时的单调感而制作的，相对于传统的幻灯片生动了很多。其动画特点是大画面、有气势，适合做画面和动画效果比较简洁的 PPT 作品，也适合做一些情景 PPT 的切割。用户可以为旅行照片、毕业照片或者演讲课件等添加翻书效果的切换方式。

扫码看视频	素材文件	素材 \ 第 7 章 \ 实例 107.pptx
	效果文件	效果 \ 第 7 章 \ 实例 107.pptx
	视频文件	视频 \ 第 7 章 \【实例 107】翻书效果：制作模拟翻书动态切换效果 .mp4

第01步 在 PowerPoint 中，打开一个素材文件，如图 7-71 所示。

第02步 切换至"视图"面板，在"显示"选项板中选中"参考线"复选框，在幻灯片的所有页面上都会显示参考线，如图 7-72 所示。

图 7-71　素材文件

图 7-72　显示参考线

第03步 参照页面中间的垂直参考线，插入一条直线形状，并取消显示参考线，效果如图 7-73 所示。

第04步 选中直线形状，切换至"绘图工具"的"格式"面板，在"形状样式"选项板中设置"形状轮廓"为"白色，背景 1，深色 25%"、"粗细"为 1.5 磅，如图 7-74 所示。

图 7-73　插入直线形状

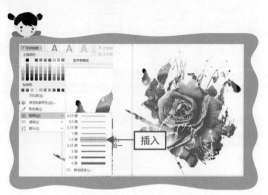

图 7-74　设置形状轮廓

第05步 在"形状样式"选项板的"形状效果"下拉菜单中选择"阴影"|"外部"|"偏移：右上"
命令，添加阴影效果，如图 7-75 所示。

第06步 将直线形状复制到其他页面中的相应位置，效果如图 7-76 所示。

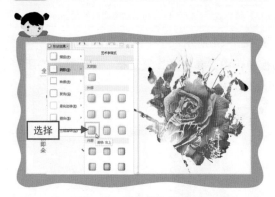

图 7-75　添加形状效果

图 7-76　复制直线形状

第07步 选择幻灯片的第 2 页，切换至"切换"面板，在"切换到此幻灯片"选项板的"其他"
下拉菜单中选择"华丽 - 页面卷曲"效果，如图 7-77 所示。

第08步 执行操作后，即可添加"页面卷曲"效果，如图 7-78 所示。

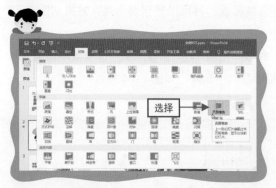

图 7-77　选择切换效果

图 7-78　添加"页面卷曲"效果

第09步 为幻灯片的第 3 页添加同样的切换动画效果，预览幻灯片，效果如图 7-79 所示。

图 7-79 预览翻书动画效果

实例108　缩放动画：对象会逐步由小变大地显示 ▼

缩放动画是指应用该动画效果的对象，在进行幻灯片放映时，将以由小变大的方式显示出来。下面介绍制作缩放动画效果的操作方法。

扫码看视频	素材文件	素材 \ 第 7 章 \ 实例 108.pptx
	效果文件	效果 \ 第 7 章 \ 实例 108.pptx
	视频文件	视频 \ 第 7 章 \【实例 108】缩放动画：对象会逐步由小变大地显示 .mp4

第01步 在 PowerPoint 中，打开一个素材文件，如图 7-80 所示。

第02步 在编辑区中选择需要设置动画效果的对象，如图 7-81 所示。

图 7-80　素材文件

图 7-81　选择需要设置动画的对象

专家指点

在 PPT 中，经常会使用大量的图片说明一些问题。因此，针对这些图片需要设置炫目的动画效果才具有足够的吸引力。下面介绍设置图片动画效果的两个重要事项：一是添加的动作速度要快。在为图片添加进入动画、退出动画和强调动画的过程往往迅雷不及掩耳；二是停顿的节奏要稳定。图片完全出来以后，要有一个短暂的停顿，让人能够准确看清图片的内容。

第03步 切换至"动画"面板，在"动画"选项板中，单击"其他"按钮，在弹出的下拉菜单中选择"强调 - 放大 / 缩小"命令，如图 7-82 所示。

第04步 在"动画"选项板中，单击"效果选项"按钮，在弹出的下拉菜单中选择"巨大"命令，如图 7-83 所示。

图 7-82　选择"强调 - 放大 / 缩小"命令

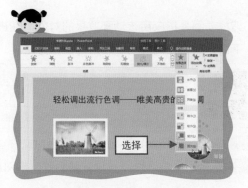

图 7-83　选择"巨大"命令

第05步 单击"预览"按钮，预览缩放动画效果，如图 7-84 所示。

图 7-84 预览缩放动画效果

实例 109 翻转动画：用陀螺旋 360° 地旋转对象

翻转动画主要是利用"陀螺旋"动画将页面中的元素给倒过来，比较适合做一些描述事件的转变的 PPT 场景。"陀螺旋"动画是指对象以顺时针或逆时针的方向在原地进行 360°旋转的效果。下面介绍制作翻转动画效果的具体操作方法。

扫码看视频	素材文件	素材 \ 第 7 章 \ 实例 109.pptx
	效果文件	效果 \ 第 7 章 \ 实例 109.pptx
	视频文件	视频 \ 第 7 章 \【实例 109】翻转动画：用陀螺旋 360° 地旋转对象 .mp4

第01步 在 PowerPoint 中，打开一个素材文件，如图 7-85 所示。

第02步 在编辑区中选择需要设置动画效果的对象，如图 7-86 所示。

第03步 切换至"动画"面板，在"动画"选项板中，单击"其他"按钮，在弹出的下拉菜单中选择"强调 - 陀螺旋"命令，如图 7-87 所示。

第04步 在"动画"选项板中，单击"效果选项"按钮，在弹出的下拉菜单中选择"完全旋转"命令，如图 7-88 所示。

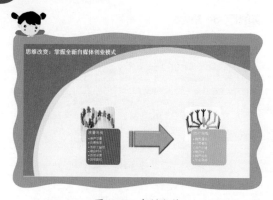

图 7-85 素材文件

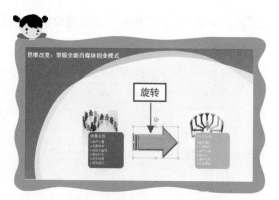

图 7-86 选择需要设置动画的对象

专家指点

　　"陀螺旋"动画的"效果选项"里的旋转角度数量有限，用户可以在"动画窗格"面板中右击"陀螺旋"动画效果选择"效果选项"，在弹出的"陀螺旋"对话框中，设置旋转角度和旋转方向等参数。

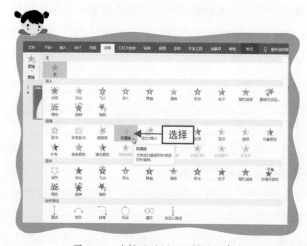

图 7-87 选择"强调-陀螺旋"命令

图 7-88 选择"完全旋转"命令

第05步 单击"预览"按钮，预览翻转动画效果，如图 7-89 所示。

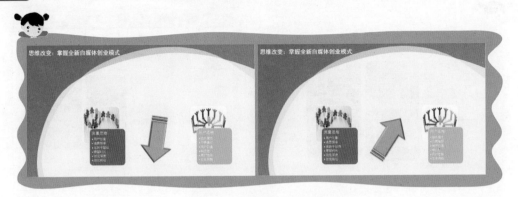

图 7-89 预览翻转动画效果

实例 110 延迟动画：让各元素按照一定节奏出现

当幻灯片中的多个元素都添加了相同的动画效果时，用户可以为不同元素的动画效果设置不同的"延迟"时间，这样这些元素就会根据设置的时间顺序先后出现在画面中，看上去画面的过渡更加自然。下面介绍制作延迟动画效果的具体操作方法。

扫码看视频	素材文件	素材\第7章\实例110.pptx
	效果文件	效果\第7章\实例110.pptx
	视频文件	视频\第7章\【实例110】延迟动画：让各元素按照一定节奏出现.mp4

第01步 在 PowerPoint 中，打开一个素材文件，如图 7-90 所示。

第02步 选择相应的对象，为其添加"飞入"动画效果，如图 7-91 所示。

第03步 选择第 2 个动画元素，在"计时"选项板中设置"延迟"为 00.10，如图 7-92 所示。

第04步 选择第 3 个动画元素，在"计时"选项板中设置"延迟"为 00.20，如图 7-93 所示。

图 7-90　素材文件

图 7-91　添加"飞入"动画效果

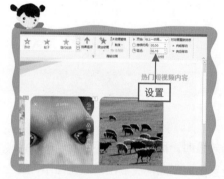

图 7-92　设置"延迟"参数（1）

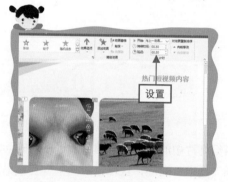

图 7-93　设置"延迟"参数（2）

第05步 单击"预览"按钮，预览延迟动画效果，如图 7-94 所示。

图 7-94　预览延迟动画效果

实例 111　遮罩动画：运用前景遮罩制作的动画　▽

　　主要是利用布尔运算对前景的形状进行抠图，剪出一个遮罩图层的镂空效果。本实例就是通过在视频上方增加一个遮罩形状，然后通过文字的间隙看到下方的视频画面，这种效果非常有动感。

素材文件	素材 \ 第 7 章 \ 实例 111.pptx
效果文件	效果 \ 第 7 章 \ 实例 111.pptx
视频文件	视频 \ 第 7 章 \【实例 111】遮罩动画：运用前景遮罩制作的动画 .mp4

第01步 在 PowerPoint 中，打开一个素材文件，如图 7-95 所示。

第02步 先选中矩形形状，然后按住 Ctrl 键的同时选择文本框对象，如图 7-96 所示。

图 7-95　素材文件

图 7-96　选择对象

第03步 切换至"格式"面板，在"插入形状"选项板中的"合并形状"下拉菜单中选择"剪除"命令，制作镂空文字效果，如图 7-97 所示。

第04步 放映幻灯片并播放视频，预览遮罩动画效果，如图 7-98 所示。

图 7-97　制作镂空文字效果

图 7-98　预览遮罩动画效果

实例 112　　淡入淡出：制作动态音乐音符跳动效果 ▼

　　淡入淡出动画是指对象渐显出现和渐隐消失的过程，是电影画面中常用的一种切换手法。在本实例中，除了采用淡入淡出动画外，中间还加入了缩放动画，通过为音符图形添加多种动画形式，制作出动态的音乐音符跳动效果。

素材文件	素材 \ 第 7 章 \ 实例 112.pptx
效果文件	效果 \ 第 7 章 \ 实例 112.pptx
视频文件	视频 \ 第 7 章 \【实例 112】淡入淡出：制作动态音乐音符跳动效果 .mp4

第01步　在 PowerPoint 中，打开一个素材文件，如图 7-99 所示。

第02步　在编辑区中选择相应的音符图形对象，切换至"动画"面板，在"动画"选项板中的"其他"下拉菜单中选择"进入 - 淡化"命令，如图 7-100 所示。

第03步　在"高级动画"选项板中，单击"添加动画"按钮，在弹出的下拉菜单中选择"进入 - 缩放"命令，如图 7-101 所示。

第04步　再次单击"添加动画"按钮，在弹出的下拉菜单中选择"退出 - 淡化"命令，如图 7-102 所示。

图 7-99 素材文件

图 7-100 选择"淡化"命令

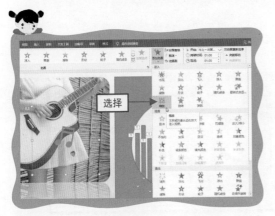

图 7-101 选择"进入 - 缩放"命令

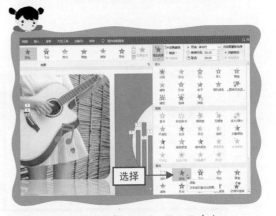

图 7-102 选择"退出 - 淡化"命令

第05步 打开"动画窗格"面板，同时选择音符图片的多个动画效果，单击鼠标右键，在弹出的快捷菜单中选择"计时"命令，如图 7-103 所示。

第06步 弹出"效果选项"对话框，在"计时"选项卡中设置"开始"为"与上一动画同时"、"延迟"为 1 秒、"期间"为"快速（1 秒）"、"重复"为"直到幻灯片末尾"，如图 7-104 所示。单击"确定"按钮完成设置。

第07步 单击"预览"按钮，预览音符图片的淡入淡出动画效果，如图 7-105 所示。

图 7-103　选择"计时"命令

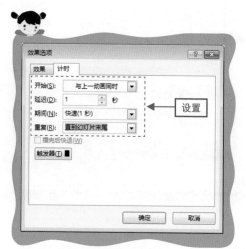

图 7-104　设置"计时"选项

图 7-105　预览淡入淡出动画效果

实例 113　自动翻转：模拟音频音量升降动态效果

　　本实例在上一例的基础上，制作右侧的音量图标的动态升降效果，主要通过动作路径动画效果中的"自动翻转"功能来实现，下面介绍具体的操作方法。

	素材文件	素材 \ 第 7 章 \ 实例 113.pptx
扫码看视频	效果文件	效果 \ 第 7 章 \ 实例 113.pptx
	视频文件	视频 \ 第 7 章 \【实例 113】自动翻转：模拟音频音量升降动态效果 .mp4

第01步 在 PowerPoint 中，打开一个素材文件，如图 7-106 所示。

第02步 打开"选择"面板，隐藏音量图形上方的遮罩图层，并将所有的音量图形元素选中，如图 7-107 所示。

图 7-106 素材文件

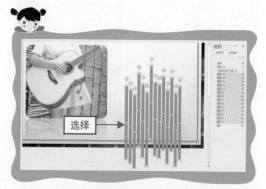

图 7-107 选择所有的音量图形元素

第03步 切换至"动画"面板，为选择的图形对象添加一个"动作路径 - 直线"动画效果，并适当调整音量图形元素的位置，如图 7-108 所示。

第04步 打开"动画窗格"面板，在音量图形元素动画效果上单击鼠标右键，在弹出的快捷菜单中选择"效果选项"命令，如图 7-109 所示。

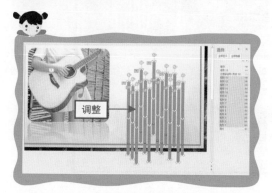

图 7-108 添加"直线"动画效果

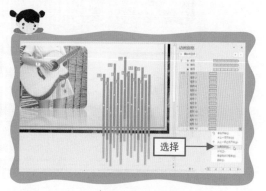

图 7-109 选择"效果选项"命令

第05步 弹出"向下"对话框，在"效果"选项卡中选中"自动翻转"复选框，切换至"计时"选项卡，设置"重复"为"直到幻灯片末尾"，如图 7-110 所示。单击"确定"按钮完成设置。

第06步 接下来为每一根细长的音量图形元素设置随机的"持续时间"参数，这样即可得到错位的升降时间，形成播放效果，如图 7-111 所示。

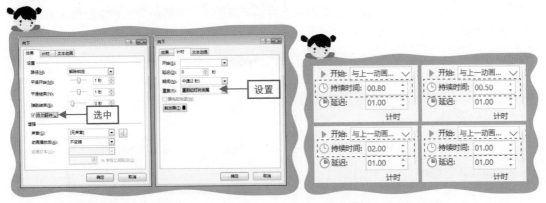

图 7-110 设置效果参数   图 7-111 设置"持续时间"参数

第07步 显示遮罩图层，单击"预览"按钮，预览音量升降动画效果，如图 7-112 所示。

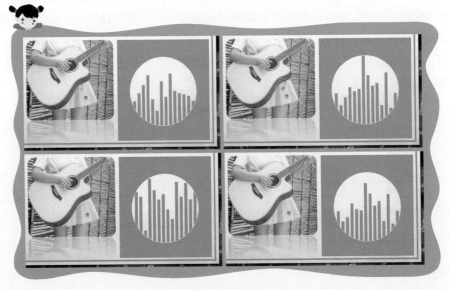

图 7-112 预览音量升降动画效果

实例 114 叠加动画：持续动态切换展示不同内容 ▼

叠加动画是指每叠加一层形状，即可改变页面中的内容，下面介绍具体的制作方法。

素材文件	素材 \ 第 7 章 \ 实例 114.pptx	
效果文件	效果 \ 第 7 章 \ 实例 114.pptx	
视频文件	视频 \ 第 7 章 \【实例 114】叠加动画：持续动态切换展示不同内容 .mp4	

第01步 在 PowerPoint 中，打开一个素材文件，如图 7-113 所示。

第02步 打开"选择"面板，选择"矩形"图层，添加一个"自左侧 - 飞入"的进入动画效果，并设置"开始"为"上一动画之后"，如图 7-114 所示。

图 7-113　素材文件

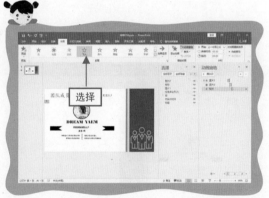

图 7-114　添加"飞入"进入动画效果

第03步 选择"矩形"图层，单击"添加动画"按钮，添加一个"到左侧 - 飞出"的退出动画效果，并设置"开始"为"上一动画之后"，如图 7-115 所示。

第04步 选择"图片 1"图层，添加一个"淡化"的进入动画效果，并设置"开始"为"上一动画之后"，如图 7-116 所示。

第05步 单击"添加动画"按钮，添加一个"淡化"的退出动画效果，并设置"开始"为"上一动画之后"，如图 7-117 所示。

第06步 在"动画窗格"面板中同时选中所有的动画元素，并在"计时"选项板中设置"持续时间"为 01.00，如图 7-118 所示。

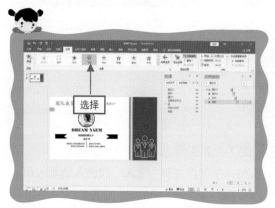

图 7-115 添加"飞出"退出动画效果

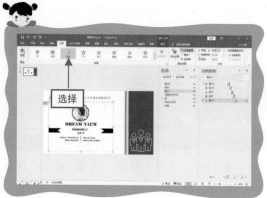

图 7-116 添加"淡化"进入动画效果

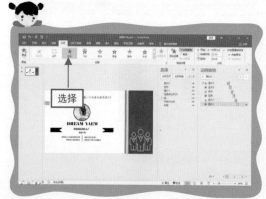

图 7-117 添加"淡化"退出动画效果

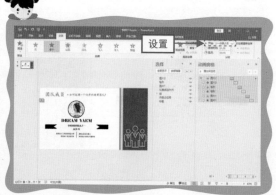

图 7-118 设置"持续时间"参数

第07步 单击"预览"按钮，预览叠加动画效果，如图 7-119 所示。

图 7-119　预览叠加动画效果

实例 115   弹幕动画：制作多个文字飞入动画效果 ▽

弹幕（barrage）这个词本来的意思是指"密集的炮火射击"，如今，在视频中经常可以看到大量以字幕弹出形式显示的用户评论，这种形式也被称为弹幕，它可以给人们带来一种"实时互动"的体验。在 PPT 中也可以利用"飞入"动画来制作弹幕效果，下面介绍具体的操作方法。

扫码看视频	素材文件	素材\第 7 章\实例 115.pptx
	效果文件	效果\第 7 章\实例 115.pptx
	视频文件	视频\第 7 章\【实例 115】弹幕动画：制作多个文字飞入动画效果 .mp4

第01步 在 PowerPoint 中，打开一个素材文件，如图 7-120 所示。

第02步 在编辑区中选择多个文本框对象，如图 7-121 所示。

图 7-120　素材文件

图 7-121　选择多个文本框对象

第03步 切换至"动画"面板，在"动画"选项板中的"其他"下拉菜单中选择"进入 -飞入"动画效果，在"效果选项"下拉菜单中选择"自右侧"命令，如图 7-122 所示。

图 7-122　选择"自右侧"命令

第04步 调出"飞入"动画的效果选项对话框，在"计时"选项卡中设置"开始"为"与上一动画同时"、"期间"为"慢速（3秒）"、"重复"为"直到幻灯片末尾"，如图 7-123 所示。

第05步 用同样的方法，为文字元素继续添加一个"飞出 - 到左侧"的退出动画效果，设置"开始"为"上一动画之后"、"持续时间"为 03.00，如图 7-124 所示。

图 7-123　设置"计时"选项

图 7-124　添加退出动画效果

第06步 单击"预览"按钮，预览弹幕动画效果，如图 7-125 所示。

图 7-125　预览弹幕动画效果

实例 116　擦除动画：使用 PPT 制作擦除文字效果 ▽

在 PPT 中，使用"擦除"动画效果不仅可以制作写字的动态画面，而且还能够做出擦除文字的动态画面，下面介绍具体的操作方法。

扫码看视频	素材文件	素材\第 7 章\实例 116.pptx
	效果文件	效果\第 7 章\实例 116.pptx
	视频文件	视频\第 7 章\【实例 116】擦除动画：使用 PPT 制作擦除文字效果 .mp4

第01步 在 PowerPoint 中，打开一个素材文件，如图 7-126 所示。

第02步 在编辑区中选择文字对象，如图 7-127 所示。

图 7-126　素材文件

选择

图 7-127　选择文字对象

第03步 切换至"动画"面板，在"动画"选项板中，单击"其他"按钮，在弹出的下拉菜单中选择"退出 - 擦除"命令，如图 7-128 所示。

第04步 调出"擦除"动画的效果选项对话框，在"效果"选项卡中设置"方向"为"自左侧"，在"计时"选项卡中设置"开始"为"与上一动画同时"、"期间"为"慢速（3 秒）"，如图 7-129 所示。

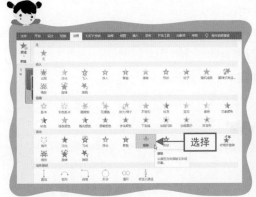 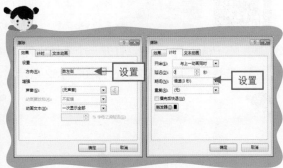

图 7-128 选择"退出 - 擦除"命令　　　　图 7-129 设置效果参数

第05步 单击"预览"按钮，预览擦除文字动画效果，如图 7-130 所示。

图 7-130 预览擦除文字动画效果

实例 117 动态切换：制作传送带切换幻灯片动画 ▼

　　传送带效果是指在放映幻灯片时，整张幻灯片在淡出的同时，幻灯片中的其他对象以传送带的方式显示出来，下面介绍具体的操作方法。

素材文件	素材\第 7 章\实例 117.pptx
效果文件	效果\第 7 章\实例 117.pptx
视频文件	视频\第 7 章\【实例 117】动态切换：制作传送带切换幻灯片动画 .mp4

第01步 在 PowerPoint 中，打开一个素材文件，如图 7-131 所示。

第02步 选择幻灯片的第 2 页，如图 7-132 所示。

图 7-131 素材文件

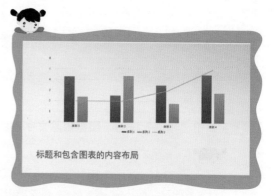

图 7-132 选择幻灯片

专家指点

在演示文稿中，设置动态切换动画效果，不仅可以增强幻灯片的趣味性和观赏性，同时也能带动演讲气氛。

第03步 切换至"切换"面板，单击"切换到此幻灯片"选项板中的"其他"下拉按钮，弹出下拉菜单，在"动态内容"选项区中，选择"传送带"命令，如图 7-133 所示。

第04步 在"切换到此幻灯片"选项板中单击"效果选项"按钮，在弹出的下拉菜单中选择"自左侧"命令，如图 7-134 所示。

第05步 单击"应用到全部"按钮，将该切换效果应用到所有的幻灯片页面，在"预览"选项区中单击"预览"按钮，预览"传送带"动态切换效果，如图 7-135 所示。

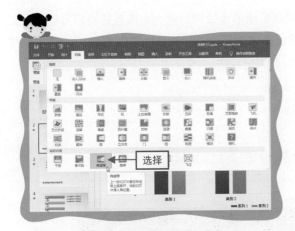

图 7-133　选择"传送带"命令

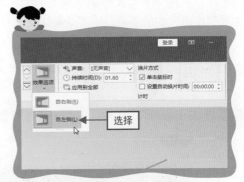

图 7-134　选择"自左侧"命令

图 7-135　预览"传送带"动态切换效果

实例 118　快闪动画：制作极具动感创意的快闪 PPT

快闪指的是"快闪影片"，是制作视频内容的一种方式，主要是指短时间内在屏幕中快速闪过文字、图片等信息。在传统营销中，快闪也用得非常多，如苹果的 iPhone 7 广告、凯迪拉克的 ATSL 广告以及华为 P10 发布会等，甚至很多淘宝店铺都用快闪视频来宣传产品。

在 PPT 中制作快闪动画效果，不但可以更好地展现快闪的魅力，而且还能提升观众的浏览体验，让演示文稿更吸引眼球。同时，通过快闪这种前卫、新颖的展现形式，能够在 PPT 中展现出庞大的信息量，给观众带来无与伦比的视觉冲击。

扫码看视频	素材文件	素材 \ 第 7 章 \ 实例 118.pptx、实例 118.mp3
	效果文件	效果 \ 第 7 章 \ 实例 118.pptx、实例 118.mp4
	视频文件	视频 \ 第 7 章 \【实例 118】快闪动画：制作极具动感创意的快闪 PPT.mp4

第01步 在 PowerPoint 中，打开一个素材文件，如图 7-136 所示。

图 7-136　素材文件

第02步 选择幻灯片的第 1 页，在编辑区中单击鼠标右键，在弹出的快捷菜单中选择"设置背景格式"命令，在打开的面板中设置"颜色"为黑色，如图 7-137 所示。

第03步 插入一个快闪音频素材，并设置"开始"为"自动"，单击"在后台播放"按钮，如图 7-138 所示。

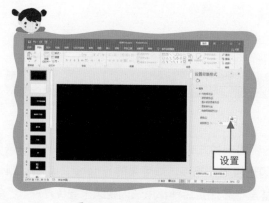

图 7-137　设置背景格式

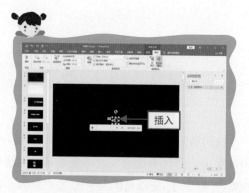

图 7-138　插入背景音频素材

第04步 插入文本框并输入相应的文字内容，用户可根据个人喜好设置字体格式和颜色，如图 7-139 所示。

第05步 切换至"动画"面板，给文字添加一个"回旋"进入动画效果，如图 7-140 所示。

图 7-139　输入相应的文字内容

图 7-140　添加进入动画效果

第06步 继续给文字添加一个"加粗闪烁"的强调动画效果，如图 7-141 所示。

第07步 继续给文字添加一个"掉落"的退出动画效果，并且将页面中的文字动画效果的"开始"均设置为"上一动画之后"，如图 7-142 所示。

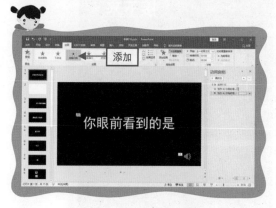

图 7-141　添加强调动画效果

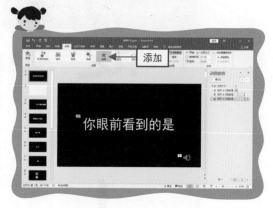

图 7-142　添加退出动画效果

第08步 复制第一页幻灯片，删除音频素材，并修改其中的文字内容和字体大小，如图 7-143 所示。

第09步 切换至"切换"功能区，添加一个"闪光"切换动画效果，如图 7-144 所示。

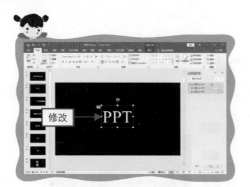

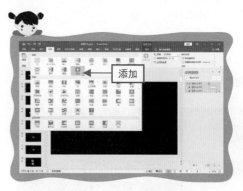

图 7-143　复制幻灯片并修改文字　　　　　　　图 7-144　添加切换动画效果

第10步 放映幻灯片，预览快闪动画效果，如图 7-145 所示。

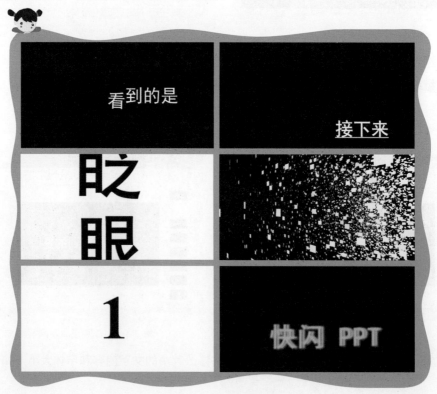

图 7-145　预览快闪动画效果

附录

PPT 常用快捷键汇总

在 PPT 演示文稿中，下面这些常用的快捷键可以帮助用户更方便、快捷地制作幻灯片。

01 幻灯片放映快捷方式

序号	功　能	快　捷　键
1	从头开始运行演示文稿	F5
2	转到幻灯片 number	number+Enter
3	显示空白的黑色幻灯片，或者从空白的黑色幻灯片返回到演示文稿	B 或句号
4	显示空白的白色幻灯片，或者从空白的白色幻灯片返回到演示文稿	W 或逗号
5	停止或重新启动自动演示文稿	S
6	结束演示义稿	Esc 或连字符
7	擦除屏幕上的注释	E
8	转到下一张隐藏的幻灯片	H
9	排练时设置新的排练时间	T
10	排练时使用原排练时间	O
11	排练时通过鼠标单击前进	M
12	重新记录幻灯片旁白和计时	R
13	返回到第一张幻灯片	同时按住鼠标左右键 2 秒
14	显示或隐藏箭头指针	A 或 =
15	将指针更改为笔	Ctrl+P
16	将指针更改为箭头	Ctrl+A
17	将指针更改为橡皮擦	Ctrl+E
18	显示或隐藏墨迹标记	Ctrl+M
19	立即隐藏指针和导航按钮	Ctrl+H
20	在 15 秒内隐藏指针和导航按钮	Ctrl+U
21	查看"所有幻灯片"对话框	Ctrl+S
22	查看计算机任务栏	Ctrl+T
23	显示快捷菜单	Shift+F10

序号	功　能	快　捷　键
24	转到幻灯片上的第一个或下一个超链接	Tab
25	转到幻灯片上的最后一个或上一个超链接	Shift+Tab
26	对所选的超链接执行"鼠标单击"操作	Enter（当选中一个超链接时）

 02　显示和使用窗口

序号	功　能	快　捷　键
27	切换到下一个窗口	Alt+Tab、Tab
28	切换到上一个窗口	Alt+Shift+Tab、Tab
29	关闭活动窗口	Ctrl+W 或 Ctrl+F4
30	使用 PowerPoint Web 应用程序向远程受众广播打开的演示文稿	Ctrl+F5
31	当有多个 PowerPoint 窗口打开时，切换至下一个 PowerPoint 窗口	Ctrl+F6
32	切换至上一个 PowerPoint 窗口	Ctrl+Shift+F6
33	将屏幕上的图片复制到剪贴板上	Print Screen
34	将所选窗口上的图片复制到剪贴板上	Alt+Print Screen

 03　更改字体或字号

序号	功　能	快　捷　键
35	更改字体	Ctrl+Shift+F
36	更改字号	Ctrl+Shift+P
37	增大所选文本的字号	Ctrl+Shift+>
38	缩小所选文本的字号	Ctrl+Shift+<
39	打开"字体"对话框更改字体	Ctrl+Shift+F
40	增大字号	Ctrl+Shift+>
41	减小字号	Ctrl+Shift+<

 04　在文本或单元格中移动

序号	功　能	快捷键
42	向左移动一个字符	向左键
43	向右移动一个字符	向右键
44	向上移动一行	向上键
45	向下移动一行	向下键
46	向左移动一个字词	Ctrl+ 向左键
47	向右移动一个字词	Ctrl+ 向右键
48	移至行尾	End
49	移至行首	Home
50	向上移动一个段落	Ctrl+ 向上键
51	向下移动一个段落	Ctrl+ 向下键
52	移至文本框的末尾	Ctrl+End
53	移至文本框的开头	Ctrl+Home
54	移到下一标题或正文文本占位符（如果这是幻灯片上的最后一个占位符，则将插入一个与原始幻灯片版式相同的新幻灯片）	Ctrl+Enter
55	重复上一个"查找"操作	Shift+F4
56	移至下一个单元格	Tab
57	移至前一个单元格	Shift+Tab
58	在单元格中插入一个制表符	Ctrl+Tab
59	开始一个新段落	Enter
60	在表格的底部添加一个新行	在最后一行的末尾按 Tab

 05　查找和替换快捷键

序号	功　能	快捷键
61	打开"查找"对话框	Ctrl+F

续表

序号	功　能	快　捷　键
62	打开"替换"对话框	Ctrl+H
63	重复上一个"查找"操作	Shift+F4

 06　访问和使用任务窗格

序号	功　能	快　捷　键
64	从程序窗口中的一个任务窗格移动到另一个任务窗格（逆时针方向）	F6（可能需要多次按F6）
65	任务窗格处于活动状态时，分别选择该任务窗格中的下一个或上一个选项	Tab、Shift+Tab
66	显示任务窗格菜单上的整个命令集	Ctrl+ 向下键
67	在所选子菜单上的选项间移动；在对话框中的一组选项的某些选项间移动	向下键或向上键
68	打开所选菜单，或执行分配给所选按钮的操作	空格键或 Enter
69	打开快捷菜单；打开所选的库项目的下拉菜单	Shift+F10
70	当菜单或子菜单可见时，分别选择菜单或子菜单上的第一个或最后一个命令	Home、End
71	分别在所选的库列表中向上或向下滚动	Page Up、PageDown
72	分别移至所选的库列表的顶部或底部	Home、End
73	关闭任务窗格	Ctrl+ 空格键、C
74	打开剪贴板	Alt+H、F、O

 07　使用对话框

序号	功　能	快　捷　键
75	移动到下一个选项或选项组	Tab
76	移动到上一个选项或选项卡组	Shift+Tab

续表

序号	功　能	快捷键
77	切换到对话框中的下一个选项卡 （必须已在打开的对话框中选定一个选项卡）	向下键
78	切换到对话框中的上一个选项卡 （必须已在打开的对话框中选定一个选项卡）	向上键
79	打开所选的下拉列表	向下键、Alt+向下键
80	如果列表已关闭，则将其打开，然后移至列表中的某个选项	下拉列表中某个选项的首字母
81	在打开的下拉列表中的各选项之间或一组选项中的各选项之间移动	向上键、向下键
82	执行分配给所选按钮的操作；选中或清除所选的复选框	空格键
83	选择选项；选中或清除复选框	选项中带下画线的字母
84	执行分配给对话框中的默认按钮的操作	Enter
85	关闭所选的下拉列表；取消命令并关闭对话框	Esc

 08 使用对话框内的编辑框

序号	功　能	快捷键
86	移至条目的开头	Home
87	移至条目的结尾	End
88	分别向左或向右移动一个字符	向左键、向右键
89	向左移动一个字词	Ctrl+向左键
90	向右移动一个字词	Ctrl+向右键
91	向左选择或取消选择一个字符	Shift+向左键
92	向右选择或取消选择一个字符	Shift+向右键
93	向左选择或取消选择一个字词	Ctrl+Shift+向左键
94	向右选择或取消选择一个字词	Ctrl+Shift+向右键
95	选择从光标到条目开头之间的内容	Shift+Home
96	选择从光标到条目结尾之间的内容	Shift+End

 09　使用"打开"和"另存为"对话框

序号	功　能	快　捷　键
97	打开"打开"对话框	Alt+F，然后按 O 键
98	打开"另存为"对话框	Alt+F，然后按 A 键
99	在打开的下拉列表中的选项之间移动，或在一组选项中的选项之间移动	箭头键
100	显示所选项目（例如文件夹或文件）的快捷菜单	Shift+F10
101	在对话框中的选项或区域之间移动	Tab
102	打开文件路径下拉菜单	F4 或 Alt+I
103	刷新文件列表	F5

 10　在不使用鼠标的情况下更改键盘焦点

序号	功　能	快　捷　键
104	隐藏或显示功能区	Ctrl+F1
105	显示所选命令的快捷菜单	Shift+F10
106	分别在功能区上的各命令之间向前或向后移动焦点	Tab、Shift+Tab
107	分别在功能区上的各项之间向下、向上、向左或向右移动	向下键、向上键、向左键、向右键
108	激活功能区上所选的命令或控件	空格键或 Enter
109	打开功能区上所选的菜单或库	空格键或 Enter
110	激活功能区上的命令或控件，以便可以修改某个值	Enter
111	完成对功能区上某个控件中的值的修改，并将焦点移回文档中	Enter
112	获取有关功能区上所选命令或控件的帮助（如果没有与所选的命令关联的帮助主题，则显示有关该程序的一般帮助主题）	F1

11 在窗格之间移动

序号	功 能	快捷键
113	在普通视图中的窗格间顺时针移动	F6
114	在普通视图中的窗格间逆时针移动	Shift+F6
115	在普通视图的"大纲和幻灯片"窗格中的"幻灯片"选项卡与"大纲"选项卡之间进行切换	Ctrl+Shift+Tab

12 使用大纲

序号	功 能	快 捷 键
116	提升段落级别	Alt+Shift+ 向左键
117	降低段落级别	Alt+Shift+ 向右键
118	上移所选段落	Alt+Shift+ 向上键
119	下移所选段落	Alt+Shift+ 向下键
120	显示 1 级标题	Alt+Shift+1
121	展开标题下的文本	Alt+Shift+ 加号 (+)
122	折叠标题下的文本	Alt+Shift+ 减号 (-)

13 显示或隐藏网格或参考线

序号	功 能	快 捷 键
123	显示或隐藏网格	Shift+F9
124	显示或隐藏参考线	Alt+F9

14 选择文本和对象

序号	功 能	快 捷 键
125	向右选择一个字符	Shift+ 向右键

续表

序　号	功　　能	快 捷 键
126	向左选择一个字符	Shift+ 向左键
127	选择到词尾	Ctrl+Shift+ 向右键
128	选择到词首	Ctrl+Shift+ 向左键
129	选择上一行（前提是光标位于行的开头）	Shift+ 向上键
130	选择下一行（前提是光标位于行的开头）	Shift+ 向下键
131	选择一个对象（前提是已选定对象内部的文本）	Esc
132	选择另一个对象（前提是已选定一个对象）	Tab 或者 Shift+Tab 直到选择所需对象
133	选择对象内的文本（已选定一个对象）	Enter
134	选择所有对象	Ctrl+A（在"幻灯片"选项卡上）
135	选择所有幻灯片	Ctrl+A（在"幻灯片浏览"视图中）
136	选择所有文本	CTRL+A（在"大纲"选项卡上）

 ## 15　删除和复制文本和对象

序号	功　　能	快 捷 键
137	向左删除一个字符	Backspace
138	向左删除一个字词	Ctrl+Backspace
139	向右删除一个字符	Delete
140	向右删除一个字词	Ctrl+Delete
141	注释光标必须位于字词中间时才能执行此操作	
142	剪切选定的对象或文本	Ctrl+X
143	复制选定的对象或文本	Ctrl+C
144	粘贴剪切或复制的对象或文本	Ctrl+V
145	撤销最后一个操作	Ctrl+Z

续表

序号	功 能	快 捷 键
146	恢复最后一个操作	Ctrl+Y
147	只复制格式	Ctrl+Shift+C
148	只粘贴格式	Ctrl+Shift+V
149	打开"选择性粘贴"对话框	Ctrl+Alt+V

 16　应用字符格式

序号	功 能	快 捷 键
150	打开"字体"对话框更改字符格式	Ctrl+T
151	更改句子的字母大小写	Shift+F3
152	应用加粗格式	Ctrl+B
153	应用下划线	Ctrl+U
154	应用倾斜格式	Ctrl+I
155	应用下标格式（自动间距）	Ctrl+ 等号
156	应用上标格式（自动间距）	Ctrl+Shift+ 加号 (+)
157	删除手动字符格式，如下标和上标	Ctrl+ 空格键
158	插入超链接	Ctrl+K

 17　对齐段落

序号	功 能	快 捷 键
159	使段落居中	Ctrl+E
160	使段落两端对齐	Ctrl+J
161	将段落左对齐	Ctrl+L
162	使段落右对齐	Ctrl+R

18　用于使用"帮助"窗口的键盘快捷键

序号	功　　能	快捷键
163	打开"帮助"窗口	F1
164	关闭"帮助"窗口	Alt+F4
165	在"帮助"窗口与活动程序之间切换	Alt+Tab
166	返回到"PowerPoint 帮助和使用方法"目录	Alt+Home
167	在"帮助"窗口中选择下一个项目	Tab
168	在"帮助"窗口中选择上一个项目	Shift+Tab
169	对所选择的项目执行操作	Enter
170	在"帮助"窗口的"浏览 PowerPoint 帮助"部分中，分别选择下一个或上一个项目	Tab、Shift+Tab
171	在"帮助"窗口的"浏览 PowerPoint 帮助"部分中，分别展开或折叠所选项目	Enter
172	选择下一个隐藏文本或超链接，包括主题顶部的"全部显示"或"全部隐藏"	Tab
173	选择上一个隐藏文本或超链接	Shift+Tab
174	对所选择的"全部显示""全部隐藏"、隐藏文本或超链接执行操作	Enter
175	移回到上一个帮助主题（"后退"按钮）	Alt+ 向左键或空格键
176	向前移至下一个帮助主题（"前进"按钮）	Alt+ 向右键
177	在当前显示的帮助主题中分别向上或向下滚动较小部分	向上键、向下键
178	在当前显示的帮助主题中分别向上或向下滚动较大部分	Page Up、PageDown
179	显示"帮助"窗口的命令的菜单，这要求"帮助"窗口具有活动焦点（在"帮助"窗口中单击）	Shift+F10
180	停止最后一个操作（"停止"按钮）	Esc

序号	功 能	快 捷 键
181	打印当前的帮助主题（注释：如果光标不在当前的帮助主题中，先按 F6 键，然后按 Ctrl+P 键）	Ctrl+P
182	在"键入要搜索的字词"框中键入文本（可能需要多次按 F6 键）	F6
183	在"帮助"窗口中的各区域之间切换；例如，在工具栏、"键入要搜索的字词"框和"搜索"列表之间切换	F6
184	在树视图中的目录中，分别选择下一个项目或上一个项目	向上键、向下键
185	在树视图中的目录中，分别展开或折叠所选的项目	向左键、向右键